맛있는 커피의 비밀

핸드드립의 원리와 테크닉

정영진 · 차승은 공저

光文閣
www.kwangmoonkag.co.kr

저자의 말 I

"커피 좋아하세요?"

"커피 좋아하세요?"라는 말은 "예" 또는 "아니오"로 대답해도 되는 가벼운 질문이지만, 커피를 처음 경험한 즈음에는 순간 머뭇거렸던 기억이 자주 있다. 이때는 어쩌면 신(新) 점드립을 주장하는 나 스스로의 진솔함은 있었겠다 싶다. 커피가 맛있어서 마시게 된 것도 아니고, 건강을 위함도, 커피 안에 생명이 깃들여 있어 소중하게 다룬 것도 아니었기에 커피를 마신다는 것에 대한 설렘은 그다지 많지는 않았다.

많은 커피 관련 서적에서 소개되었듯이 핸드드립은 독일에서 생겨나 일본에서 다도 문화에 영향으로 발전한 드립이다. 지금도 일본 장인들에게서 많이 행해지고 있는 점드립(hand drip)은 오랜 경험에서 얻어진 드립인데, 일반적으로 몸의 감각에 의존하기에 많은 시간과 경험이 필요하여 배우기 어려운 단점이 있다. 그런 까닭에 일본에서조차 대중화되지 못하였다. 그에 반하여 적은 노력으로도 수월하게 익힐 수 있는 편인 물줄기 드립이 대중에 보급되면서 우리나라에까지 건너와 알려지게 되었다. 그러나 그 대중화된 물줄기 드립 커피는 나를 비롯하여 꽤 많은 대중에게 맛으로 다가가지는 못한 것 같다. 나뿐만 아니라 《뇌 욕망의 비밀을 풀다》의 저자 한스 게오르크 호이젤 역시 마찬가지인 것 같다. 그는 커피를 마시는 동기를 이렇게 서술했다.

1) 개인화 동기 : 개인적 라이프 스타일을 표현하는 도구
2) 사치 동기 : 자기 자신을 위한 작은 사치로써의 도구
3) 사회적 동기 : 친구/동료들의 커뮤니케이션 촉매제 도구
4) 활성화 동기 : 활기를 불어넣는 보편적 수단
5) 균형 동기 : 긴장 이완의 수단
6) 관찰 동기 : 능률 향상을 위한 흥분제
7) 지휘 지향적 동기 : 고상한 라이프 스타일의 표현 수단, 전문성 과시 수단
8) 문화적 동기 : 확고한 문화의식 또는 일상적인 의식의 한 부분

나의 동기도 위와 다를 바 없었다. 커피 맛 자체와는 별개로 위의 외적 요소에 동기가 치중되다 보니 속 쓰림, 불면증, 소화불량, 두통, 피로가중 등이 나를 따라다녔다. 커피를 배우면 배울수록 앞의 동기들을 보다 견고화시킬 뿐이었다.

그렇게 쓰고 아리면서 내 취향이 아닌 맛과 향이 나지만, 사람들과의 관계를 유지하고 사치로 보이면서 잠을 깨우기 위한 도구로써의 커피를 마시며 힘들었다. 그러던 중 운 좋게도 지금의 신 점드립과 유사하면서도 원리에 있어서 수정해야 할 점도 보이는 어떤 점드립을 접할 기회를 얻었다. 그리고 당시에는 그 점드립을 물줄기 드립과 병행하며 커피를 내려 마시다가 어느 순간부터 현재 형태의 신 점드립을 고안하여 그것만을 고집하게 되었다.

나의 커피를 맛보며 매번 그 맛에 놀랐다. 그리고 그렇게 놀랄수록 그 맛이 어디서 기인하는지에 대한 궁금증은 커져만 갔다. 많은 커피 관련 책들을 탐독하여 보았지만, 각종 핸드드립 행위(performance)에 대한 설명만 가득할 뿐 원리(principle)는 알 수 없어 답답할 뿐이었다.

그러는 도중 히로세 유키오 교수가 쓴 '공학도가 본 커피 《더 알고 싶은 커피학》'에서 추출 원리에 대한 단서를 얻고 수행 방향을 잡게 되었다. 해당 서적은 커피를 보다 과학적으로 바라보려는 노력이 보여 나의 호기심 해결에 도움이 될 것이라 기대하였다. 그러나 이러한 책에서조차 완벽한 답을 찾기가 어려웠다. 그 이유는 바로 점드립이 아닌 물줄기 드립을 전제 조건으로 하여 추출에 대해 규명하고 있었기 때문이다.

그래서 나는 최소한의 과학적 힌트를 바탕으로 나만의 분석을 실시할 수밖에 없었다. 분쇄 원두의 성질을 고려한 추출 원리를 정립하였고, 이것을 점드립에 적용하였다. 그랬더니 이것이 일본의 몇몇 점드립과 상당 부분 유사하다는 것을 알 수 있었다. 계속되는 경험과 노하우로 그 원리를 수정 및 보완하였고 주변의 지인들과 함께 내가 만든 커피를 시음하였다.

이러한 노력이 진행될수록 믹스커피는 물론이고 일반적인 핸드드립 커피까지 모든 커피 음료를 싫어하던 사람들마저 내가 만든 커피를 좋아하게 되는 모습을 관찰할 수 있었다. 커피가 내게 힘든 일상을 잠시 쉬게 하는 휴식과 안식을 가져주는 진정한 '음료'가 되면서 처음에는 갖지 못했던 커피에 대한 애정이 자연스레 싹트게 되었다.

커피인들이 표현하는 맛은 참으로 다양하다. 그런데 그 맛의 이름은 대부분 감성에 의존하였거나 실제의 맛과는 괴리가 있어서 미학적인 느낌이 강했다. 그리고 그 미학적인 이름의 맛들은 모두 '종(縱)의 맛'이 아닌 '횡(橫)의 맛'에서 기인하였다는 것을 알게 되었다. 그런데 재미있는 것은, 그러한 "횡의 맛의 느낌이 대체 무엇이냐?"라는 나의 질문에 대해 대부분 커피인들은 무슨 말인지 알아듣지 못했다. 그들에게 내가 느끼는 '그 맛'과 '그 향'이 무엇인지 공정하고 객관적인 평을 얻기는 힘들었다. 그래서 나는 소믈리에(sommelier)와 조향사(perfumier)가 직업인 지인들의 도움을 얻기로 결정했다. 그런데 흥미롭게도 그들은 일반적인 커피에서 나는 '횡의 맛'의 향미를 나와 똑같이 느끼며 표현하고 있었다. 그리고 그 향미에 대해 거부감을 가지기도 하였다. 그에 반해 나의 신 점드립 커피에 대해서는 그러한 향미가 거의 없고 긍정적 향미가 존재한다는 점에 대해 동의하였다.

이러한 지인들의 확연한 반응은 나의 자신감과 확신을 더욱 견고하게 만들었고, 결국 나는 직접 카페를 운영하는 것을 구상하게 되었다. 그 후 더욱 뚜렷한 목표의식을 갖고 커피라는 것에 대해 몰두할 수 있었다.

신 점드립 누가 보더라도 난이도가 높다. 그 방법을 행하는 것을 보는 사람들은 한결같이 묻는 말이 있다.

"이런 방법은 시간이 너무 오래 걸리지 않나요? 실제 매장에서는 사용하기 힘들 것 같습니다."

차후 이 책에서 자세하게 서술하겠지만, 자세가 중요하다. 운동이라는 것을 그저 취미로 하면서 땀 흘리는 목적으로만 한다면 상관없지만, 조금이라도 더 나은 실력을 가진 고급 능력자가 되고 싶다면 기본자세부터 제대로 잡는 것이 중요하다는 것은 상식이다. 내가 신 점드립을 제대로 행하기 위해 필요했던 것은 그저 방울만을 만들 줄 아는 감각만이 아니었다. 몸 전체를 이용하는 자세와 손의 그립이 중요하다는 것을 체감하고 그것에 몰두해야 했다. 물론 이를 위해 생각보다 많은 시간과 노력이 필요했지만, 결국 그 방법론이 완벽하게 체계화되었고 실력은 향상되었다. 그리하여 1회당 1인분 드립에 머물던 신 점드립이 자세를 발전시킬수록 동시 4인분까지 가능한 상황이 되었다.

일부 로스터들은 생두 로스팅 포인트의 중요도를 상이하게 과대 분석하고 원산지와 맛의 관계를 부풀려 설명하는데, 이는 다소 편향된 생각일 수 있다. 커피의 맛을 평가하는 기준은 생두, 로스팅, 추출이 균형을 이루어야 한다. 나는 여기에 원두의 숙성을 추가하고 싶다. 깊고 진한 맛과 더불어 부드럽고 감칠맛 나는 숙성 원두, 그 풍미는 대단하다. 잘 숙성된 원두로 만든 에스프레소는 바디감과 점성이 좋아, 고운 크레마가 쉽게 사라지지 않는 것을 볼 수 있었다. 또한, 더치커피의 와인과 같은 풍미 역시 원액의 숙성이 아니라 원두의 숙성에서 비롯될 때 그 느낌이 더 깊었다.

다년에 걸친 노력을 통해 로스팅, 숙성, 추출 등에 대한 궁금한 점들을 하나씩 해소할 수 있었고, 각종 테스트를 통하여 깨닫게 된 사실과 원리들이 결국 생두 - 로스팅 - 숙성 - 추출이 상호 유기적 관계로 연결되어 있다는 것을 알 수 있었다. 각 요소가 중요도에 차이가 있는 것이 아니었던 것이다.

이러한 사실들이 정립되고 완성되어갈 때쯤에 인천에서 작은 카페를 오픈하게 되었다. 같은 건물 안과 그 주변에 유명 브랜드의 커피 전문점들이 이미 자리를 잡고 있었고, 이후로도 저가형 커피 전문점이 많이 들어섰지만 그때나 지금이나 이들은 나의 관심 밖에 있다. 규모나 인테리어 서비스 등에서는 나의 카페가 분명 부족한 것 같다. 그러나 커피 맛은 월등하다고 자부하기에 이러한 무심(無心)이 가능한 것 같다.

차승은 선생님을 만나게 되었다. 이전부터 취미로 커피를 배우셨고 커피에 대한 관심과 열정이 크다는 것을 알게 되면서 지속적인 교류를 나누게 되었다. 그러면서 소홀하게 생각했던 부분까지 깊게 다루다보니 새로운 것을 깨닫게 되었고, 끝이 아닌 계속적 발전이 필요하다는 것 역시 생각하게 되었다. 나의 몸 안에 습관처럼 기억된 커피의 원리를 넋두리처럼 풀어놓으면 차 선생님은 그것을 희한하게도 좋은 글로 재미있게 풀어내셨다. 이렇게 글로 표현된 나의 커피 원리는 신 점드립을 보다 발전시키고 단단하게 만드는 원동력이 되었다.

책이 완성되는 이 시점, 그 완성은 완성이 아니라고 확신한다. 지금의 완성은 새로운 커피 세상의 시작을 의미한다. 많은 이들이 신 점드립을 통해 새로운 커피가 있음을 알게 되고, 진정한 커피를 나눌 수 있는 시간이 마침내 다가오기를 기대해본다.

- 정영진

저자의 말 II

커피의 맛에는 종의 맛과 횡의 맛이 있다고 한다. 종의 맛은 커피의 에센스, 횡의 맛은 섬유소 성분에서 오는 맛이다. 보통 일반적인 커피에서 그 둘의 비율은 3 : 7 정도로 볼 수 있다. 대부분의 핸드드립 커피점은 이 비율에 가까운 커피를 만들어낸다. 아니, 그렇게 만들어낼 수밖에 없다. 보통 물줄기 드립으로 물을 부으면, 연약한 섬유소 다공질을 무너뜨려 버리고, 결국 그 섬유소가 커피 에센스보다 훨씬 많이 추출되어 버리기 때문이다. 이것이 문제가 되지 않는다고 생각하는 것이 우리나라 핸드드립 하는 사람들의 일반적인 생각이다. 그러나 그 커피는 실제 너무 강렬한 맛이다. 너무 쓰고 시고 아린 느낌인 경우가 많으며 풀 냄새 역시 많다. 그런 이들에게 신 점드립에 대하여 알려주면 이상하게도 '반사'를 시켜버리는 느낌을 많이 받는다. 본인의 커피에 대한 지나친 자신감? 또는 잘못된 것을 너무 오랫동안 해 와서 그것을 수정하는 것에 대한 두려움? 반발심? 그런 것 때문이 아닐까.

하지만 깨달아야 한다. 주변 사람 또는 소비자의 입맛에 맞지 않는 핸드드립을 내리고 있는 그들도 믹스커피가 맛있다고 착각하며 즐기던 일반인들을 계도하던 적이 있었을 것이다. 그 때 마음이 어땠는가? 아무리 말해도 그냥 한 귀로 듣고 한 귀로 흘리는 믹스커피 홀릭들이 너무도 답답했을 것이다. 지금 내 마음이 그렇다. 새로운 점드립에 대해 이야기를 꺼내면 우선 거부감부터 보이는 핸드드립 전문가들이 안타깝다.

물줄기로 내리는 스트레이트 드립의 대부분은 소수 사람들 이른바 커피 애호가들의 입맛에 맞고, 잘 내린 스트레이트 드립은 그래도 어느 정도 일반 사람들의 입맛에 맞는 것 같고, 신 점드립의 커피는 커피를 싫어하던 사람들과 꽤 많은 사람들의 입맛에 맞는 것을 볼 수 있었다. 다양한 사람들의 입맛이 있지만, 꽤 많은 보통사람의 입맛에는 신 점드립이 맞는 것이다. 그러니 신 점드립을 천천히 배워나가는 것이 바리스타의 입장에서는 점포 유지에 도움이 되고, 개인의 입장에서는 맛을 즐기거나 남에게 베푸는 데 더 도움이 되지 않을까? 그건 이제 조금 배웠다고 더 배우기 싫어하는 몇몇 사람들이 다시 한 번 초심으로 돌아가 배우려는 마음을 가지느냐 마느냐에 달린 것이긴 하지만 말이다.

- 차승은

CONTENTS

Part Ⅰ 신 점드립 ① Learn

신 점드립 ② Ask

CONTENTS

신 점드립 ③ Be a Pro

Part II Real Basic

Part I

신점드립

COFFEE

1

신점드립

Learn

01 커피에 있어 종(↓)의 맛과 횡(↔)의 맛

1. 종의 맛과 횡의 맛

히로세 유키오 교수는 《더 알고 싶은 커피학》이라는 저서에서 '종(↓) / 횡(↔)의 맛'을 가진 커피에 대해 언급했다. 종의 맛과 횡의 맛, 이게 뭘까?

드립 되는 물이 커피가루로 흘러 들어가 커피 성분을 끄집어내는 현상을 보았을 때 물이 내려가면서(↓) 추출해내는 성분이 있고, 물이 고여서(↔) 우러나오는 성분이 있다. 전자는 커피 에센스, 후자는 섬유소(불용성 섬유소)이다.

2. 물줄기(스트레이트) 핸드드립과 신 점드립의 차이에 대한 간략한 설명

1) 물줄기(스트레이트) 드립

우리나라에서 핸드드립이라 하면, 물줄기가 끊어지지 않게 해주는 '스트레이트 드립'이 일반적이다. 이렇게 드립을 하는 경우, 100ml의 커피를 추출했다고 가정하였을 때 커피 원두에서 추출이 되는 성분의 비율은 일반적으로 약 30%가 에센스, 70%가 섬유소(카페인 포함)이다.

이처럼 섬유소가 많이 추출되는 경우, 그 커피는 카페인 함량이 높다. 그래서 머리를 강하게 조이는 것 같은 진한 맛이 느껴진다. 그리고 맛이 좀 쓴 편이다. 풀 냄새가 가시지 않는 경우도 자주 있다. 떫은 경우도 있다.

2) 신 점드립

위와 같은 맛을 싫어하는 경우, 신 점드립을 사용해 볼 것을 권유한다.

우리나라에 알려진 일반적인 점드립은 스트레이트 드립과 다를 바가 없다. 사실 우리나라에는 점드립의 권위자가 없다. 여하튼 현재 세상에 알려진 점드립은 그냥 점으로 뚝뚝 떨구다가 막판에 가서 스트레이트로 십여 바퀴를 스윙한다. 이는 물이 고여서 추출되는 횡(↔)의 맛이 여전하게 된다. 카페인 함량도 많다.

신 점드립은 최대한 에센스를 뽑아내어 그것이 주가 되도록 노력한다. 다만, 모두 종(↓)의 맛으로 뽑는 것도 별로다. 맛이 쓴맛, 단맛, 신맛으로 너무 단순해진다. 양념, 즉 섬유소의 맛이 약간 필요하다.

섬유소의 양은 신 점드립 막판의 스트레이트 스윙 바퀴 수로 조절하거나, 떨어뜨려 주는 시간당 방울 수로 조절할 수 있다. 이리하여 종-횡의 맛을 조절한다.

저자의 생각이지만, 어쩌면 핸드드립이라고 하는 것은 점드립을 의미하는지도 모른다. 핸드드립(hand-drip)의 사전적 의미에서 그러한 생각을 하게 되었다. hand-drip이라는 말 자체의 사전적 의미는 명확히 나온 사전이 없었기에 두 단어를 따로 생각해 보았다. hand는 '손', drip은 '액체를 방울방울 뚝뚝 떨어뜨리다'이다. 눈길이 가는 부분은 '방울방울'과 '뚝뚝'이었다. '혹시 핸드드립의 기본은 점드립에서 온 것이 아닐까?'라는 생각을 문득 떠올리게 된다. 근거가 있건 없건 점드립의 원리와 맛을 아는 사람으로서 왠지 모르게 믿고 싶고, 일리가 있는 정보라 생각한다.

3. 차이가 없을까?

"스트레이트로 내릴 때에도 물이 쏙쏙 잘 빠지는 것처럼 보이는데 굳이 점으로 떨궈야 하나요?"

생각 외로 많은 핸드드리퍼가 이런 말을 한다.

물줄기로 떨어뜨리는 물이 드리퍼에 전혀 고이지 않는다고 생각한다는 의미이다. 그러나 이는 물줄기를 일정하게 만들기 위해 꼭대기에서 바라보는 핸드드리퍼의 시각에만 의존해서 생각하기 때문이다. 붓는 물이 그대로 커피 속으로 빨려 들어가 쭉쭉 아래로 떨어지는 것처럼 느껴지겠지만, 물이 드리퍼 안으로 들어가면 상황은 달라진다. 많은 양의 물이 처음에는 안으로 쏙 파고들어 가는 것처럼 보이지만, 실제로 드리퍼 아래쪽에서는 물이 퍼져서 고여 있는 상태이다. 커피를 내릴 때 드리퍼 측면을 동영상으로 촬영해 보라. 다량의 물이 계속해서 차올라와 있는 모습을 확인할 수 있다.

점드립은 물이 파고들어 가지 않고, 표면에서 퍼진다. 그리고는 우려내는 맛이 아니라, 그저 중력에 의해 흘러내려 가면서 커피 성분을 쓸고 지나가기만 하는 것이다. 분명히 성분을 추출하는 방법이 다르다.

02 핸드드립 시 일련의 화학 과정
물줄기(스트레이트) vs 점

당신은 핸드드립 커피를 내리는 방법을 어떤 방식으로 배웠는가? 그냥 단골 커피숍의 주인장이 집중하여 내리는 눈빛과 손놀림에 현혹되어 '왜 저런 방식으로 내리지?'라는 궁금증을 가질 생각도 못한 채 '그냥 저렇게 내리는 것이 정답인가 보다.'라며 순순히 인정해 버리지는 않았는가? 만약 당신이 그랬다면, 이 책은 당신의 잘못된 초기 학습을 질타하고, 핸드드립이 어떠한 원리인지를 자세히, 친절히, 비밀 없이 안내해 드리겠다.

■ 뜸들이기의 목적

뜨거운 물을 분쇄 원두 내부에 주입하여 가용 물질(에센스)을 융해하여 본 추출을 준비한다.

■ 뜸들이기 과정의 원리

1. 커피가루가 담긴 드리퍼에 물을 붓는다.(상부의 과 추출과 하부의 과소 추출을 예방하기 위해 빠른 시간에 전체를 적셔준다.)
2. 커피 알갱이 속 다공질 내의 가스층이 물과 결합 – 계면활성화(세제가 물과 닿아 부글부글 작용하듯이.)
3. 다공질 안쪽에 띄엄띄엄 존재하던 커피 성분(에센스)이 녹는다.
4. 녹아든 에센스가 점차 다공질의 바깥쪽으로 삐져나온다.
5. 일정 가스는 남고 일정 가스는 위로 조금 날아가며 부풀어 오른다.(이산화탄소로서 이 가스는 분명 공기보다 무겁다. 완전히 날아가지는 않음)

6. 에센스를 각 원두 가루 표면으로 끌어낸다.

7. 원두와 원두 사이에 가스가 위치하여 부피가 늘어난다.

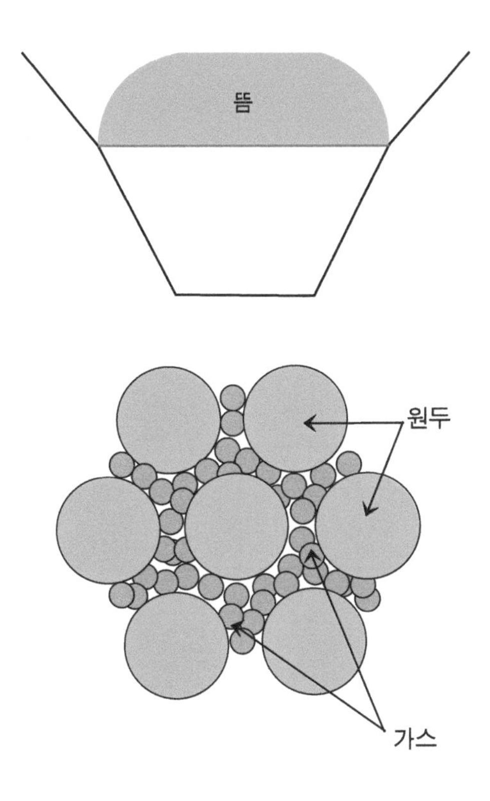

가스로 인해 돔 모양으로 부피가 커진다.

■ 실제 추출 과정의 원리

8. **1차 드립**

(1) 물줄기(스트레이트) 드립 : 가스를 머금은 다공질을 '부수면서' 섬유 소 성분까지 함께 추출한다.

(2) 점 드립 : 다공질의 파괴 없이 표면의 에센스만 '닦아내며' 추출한다. (뜸의 모양을 유지한다.)

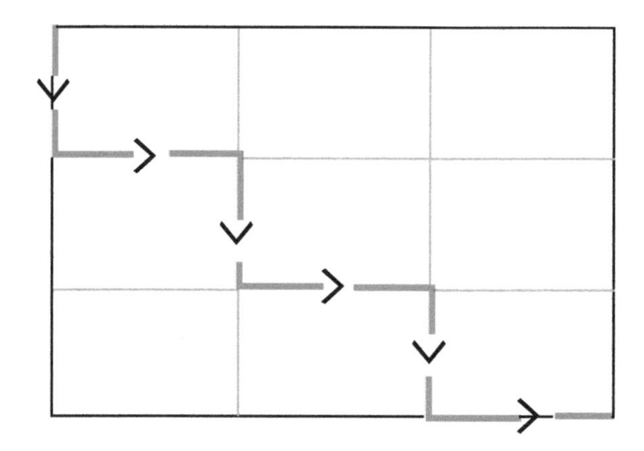

9. 2차 드립

(1) 물줄기(스트레이트) 드립 : 1차와 동일하다.

(2) 점드립 : 상부의 봉긋한 모양이 1차 추출과 2차 추출 막판까지 유지하도록 노력한다. 막판에 약간 물을 부어 그 지탱하고 있던 가스를 무너뜨린다. 그렇게 되면서 다공질도 일정 부분 무너뜨려 그 안에 머금었던 소량의 섬유소와 카페인으로 양념을 뿌리는 셈이 된다.

03 신 점드립 실습 모델링

아래의 신 점드립 실습 모델링은 신 점드립의 가장 일반적인 요령을 설명한 것이다. 따라서 특이 상황별로 약간의 변형을 가하는 경우까지 설명하기에는 다소 역부족이다. 더 많은 것을 알고 연습하기 위해서는 꾸준한 적용과 연습이 필요하다는 것을 전제로 하겠다. 그리고 아래의 드립법은 더 순한 맛 또는 더 진한 맛을 추출하기 위한 변형 드립 방법으로 발전할 수 있음을 미리 알려 드린다. 사용한 원두의 로스팅 포인트 역시 다양하게 변이가 가능하지만, 하나의 사례로서만 제시하고자 한다.

1. 원두 그라인딩

중배전으로 로스팅 한 원두를 20~22g 간다. (로스팅 포인트의 경우 2차 팝 이후 10초 전후로, 원두 및 상황별로 조금씩 차이가 있다.)

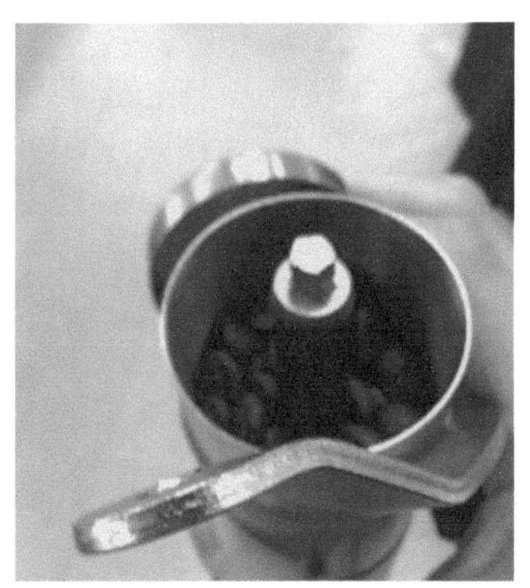

2. 은피 및 진분 제거

계량컵에 그라인딩 한 원두를 담고 톡톡 치거나 흔들며 가느다란 입김을 불어 은피 가루(채프) 및 진분을 날려버린다. 주로 은피 가루 위주로 깨끗하게 제거한다.

〈은피와 진분 제거 전〉

〈은피와 진분 제거 후〉

3. 드리퍼에 원두 가루 담기

필터가 드리퍼에 밀착되도록 접어 넣고 원두 가루를 담아 준다. 드리퍼를 살짝 흔들어 가루 윗면을 평평하게 만들어준다.

4. 뜸들이기

스트레이트로 3~5바퀴 스윙한 후 뜸을 들인다. (물의 양과 빠르기는 원두의 상태에 따라 변화가 가능하다. 다음 챕터에서 자세히 설명)

5. 뜸 대기 30초

드립서버에 커피 방울이 5방울 정도만 떨어지는 것이 가장 좋다. (원두가 최대한 에센스를 머금고 있도록 해야 한다.)

6. 1차 추출

사진의 그립처럼 드립포트를 쥐고, 약간 기울여서 점드립을 실시한다. 직각으로 드립할 경우 방울이 잘 만들어지지 않을 뿐 아니라, 물이 떨어지는 경로를 조절하기 힘들다. 또한, 너무 높은 곳에서 떨어지므로 원두가 파이기 십상이며, 결국 물길이 만들어져 에센스 추출이 제대로 이루어지지 않게 된다. 안에서 밖으로 4바퀴, 밖에서 안으로 4바퀴 점드립으로 스윙한다. 30초 내에 끝낸다. (1바퀴당 3~4초로 꽤 빠른 편이다.)

7. 1차 대기 30초

대기시간이 너무 짧을 경우, 점드립이라 하더라도 물이 드리퍼 내에 아무래도 더 고일 수 있다. 이는 잔류해 있는 진분과 은피가 드리퍼 하단에서 뭉쳐서 덕지는 현상을 초래할 수 있다. 이렇게 되면 횡의 맛이 증가하게 된다.

8. 2차 추출

안에서 밖으로 4바퀴, 밖에서 안으로 5~6바퀴를 점드립으로 스윙한다. 밖에서 안으로 스윙 막판 5~6번째 스윙은 중앙 부근을 동전 크기로 집중적으로 점드립하여 가스층의 자연스러운 폭발을 유도한다. 부글부글 거리기 시작하는 낌새가 보이면 곧장 물줄기(스트레이트) 드립으로 전환하여 1~3바퀴만 돌려준다. 1바퀴는 순한 맛, 2바퀴는 중간 맛, 3바퀴는 진한 맛으로 조절할 수 있다. 총 30~40초 정도 진행한다.

9. 2차 대기 20~30초

전체 시간이 2분 30초가 되면 과감하게 드리퍼를 제거한다. 횡의 맛이 초과하는 것을 방지하기 위함이다.

10. 에센스 총량 확인

순한 맛 30~50ml, 중간 맛 50~70ml, 진한 맛 70~100ml 정도로 추출된 것을 확인할 수 있다.

11. 끓는 물 첨가

1인분 커피 총량 200ml에 맞추어 희석한다. 최소 100ml에서 최대 170ml의 물을 섞어 총량을 200ml에 맞춘다. 물을 뜨겁게 하는 이유는 음료의 향과 맛의 극대화를 위함이다. 60~70도의 커피가 가장 먹기 좋다는 이야기가 있지만, 매우 뜨거울 때와 따뜻할 때, 미지근할 때, 그리고 거의 다 먹은 차가운 찌꺼기일 때, 모든 상황의 향과 맛이 다르다는 것을 알고 즐길 여유도 필요하다고 생각한다. 너무 뜨거워서 마시기 힘들다면, 잠시 잔을 내려놓고 그 향기에 젖어 기다리는 여유를 만끽하고, 커피를 다 마신 후 수다에 지칠 때쯤이면 잔에 묻어 굳어버린 커피 얼룩에서 느껴지는 달콤한 향기도 즐길 줄 안다면, 한 잔의 커피를 풀코스로 즐긴 셈이 아닐까?

12. 잔에 담아 마신다

향이 날아가는 것을 조금이라도 막기 위해 되도록이면 입구가 오목한 잔에 담아 맛있게 즐긴다.

04 로스팅에 따른 섬유소 특성과 신 점드립 커피 맛의 상관관계표

	신맛	단맛	쓴맛	특징
약배전	6	2	1	1. 섬유벽이 질기다. 따라서 횡의 맛(잡맛) 추출이 적다. → 물줄기(스트레이트) 드립을 해도 어느 정도 맛 표현이 가능하다. 2. 숙성시키면 섬유벽이 역해진다. 그래서 시간이 갈수록 물줄기(스트레이트) 드립용으로 쓰기에 좋지 않다. 그래서 어떤 커피숍은 숙성되지 않은 갓 볶은 커피를 권하기도 한다.
중배전	3	3	3	1. 섬유벽이 연하다. 횡의 맛 추출이 쉽다. → 횡의 맛을 최소화한 물줄기(스트레이트) 드립이 어렵다. 신 점드립을 사용하는 것이 맛을 할 수 있는 방법이다.

강배전	1	2	6	1. 가스가 로스팅하면서 많이 소실된다. → 물을 부을 때 계면활성화(부글부글 거리는 현상)가 적게 일어난다. 다공질 내에 공간이 많아 드립 초반의 물 빠짐이 좋다. 2. 물 빠짐이 좋은 상황이지만, 보이지 않는 탄 진분이 많이 존재하여 드리퍼 아랫부분에 덕지는 현상이 나타난다. 그리하여 물 고임 현상이 발생하게 되고 횡의 맛 추출이 중반 이후 급격히 나타난다. 더불어 탄맛도 많이 나타난다. 3. 계면활성화가 잘 안 되므로 뜸도 잘 안 든다. 4. 뜸과 드립 모두에서 신 점드립이 더 맛있게 추출되지만 난이도가 높다.

05 점의 세 종류

점드립이라는 것이 무엇일까? 커피 핸드드립 방법 중 물줄기를 방울로 떨어뜨려 커피 성분을 추출하는 것을 의미한다. 일반적으로 점드립의 '점'이라고 하면, 똑… 똑… 똑… 똑… 방울방울 떨어지는 것만을 떠올릴 수 있다. 그러나 신 점드립의 물방울 점은 모두 3가지로 나뉜다. 물론 숙련이 되었을 경우 그 구분은 더 명확해진다. 그냥 방울의 속도만 조절하는 것은 어렵지 않을 수도 있다. 그러나 신 점드립의 물방울은 항상 '나선형 스윙'과 더불어 실시되어야 한다는 것을 잊어서는 안 된다. 생각보다 숙련이 어렵다.

1. 느린 방울 신 점드립 (부드러운 맛)

보통 알려져 있는 똑, 똑, 똑 한 방울씩 흘려주는 점드립이다. 다공질 벽을 최대한 작은 힘으로 건드리기 때문에 섬유소의 추출을 최소화시켜 에센스 자체의 맛을 즐기기에 좋다. 난이도가 가장 어려운 드립이다.

2. 중간 방울 신 점드립 (보통 맛)

조금 더 빠른 속도로 방울을 떨어뜨려 물의 양을 늘릴 수 있다. 이는 드리퍼 안의 커피가루와 접촉하는 물의 양이 증가하여 다공질 벽을 다소 약하게 만들게 되고, 그에 따라 커피 성분의 우러난 맛, 즉 섬유소 맛을 조금 더 표현할 수 있다.

3. 빠른 방울 신 점드립 (진한 맛)

진주목걸이 모양의 최대한 빠른 방울이다. 얼핏 보면 물줄기(스트레이트) 드립과 같아 보이지만, 실제로는 미세하게 갈라지는 물방울을 만들도록 주의해야 하는 드립이다. 물줄기 강도가 가장 세기 때문에 드리퍼 내에 물이 고이기 쉽고 다공질 벽의 파괴가 일부 일어난다. 따라서 섬유소의 맛 표현이 강렬하고 진한 맛이 추출되게 된다. 다만, 빠른 방울 드립을 하면서 너무 느린 스윙을 할 경우 물줄기(스트레이트) 드립과 다를 바가 없이 섬유소와 카페인의 맛이 너무 진하게 표현되어 버리므로 스윙 속도를 빠르게 유지시켜야 한다. 빠른 방울 신 점드립은 익히기 쉽지만, 숙련이 되지 않으면 실수 또한 저지르기 쉽다. 느린 방울 신 점드립에서의 실수는 맛에 지장이 적은 편이지만 빠른 방울 신 점드립에서의 실수는 맛으로 확연히 드러낸다.

06 신 점드립의 그립과 자세 - 손끝과 발끝

신 점드립에서는 방울로 드립을 해야 할 뿐만 아니라 스윙까지 곁들여야 완벽한 맛을 표현할 수가 있다. 그런데 엄지손가락을 드립포트 손잡이 상단에 올려놓는 일반적인 그립으로는 제대로 된 물줄기 및 방울을 형성하기 힘들 뿐만 아니라 그 궤적이 일정치 못하여 스윙이 어려워진다. 따라서 신 점드립에 최적화된 그립과 자세를 숙련시킬 필요가 있다.

- 적합한 포트 종류 : 칼리타 호소구치 0.7L
- 담아야 하는 물의 양 : 500ml 내외
- 오른손잡이 기준

① 칼리타 호소구치 0.7L 드립포트에 물을 500ml 내외 정도 담는다.

② 다리는 어깨너비로 벌린 후 오른발을 반 발자국 정도만 뒤로 뺀다. 양발의 각도는 60도 정도로 벌린다. 흔들리지 않는 안정적인 자세라면 유효하다. 드립서버는 자신의 몸 우측 상단에 놓는 것이 좋다. 본인이 편한 위치가 있다면 약간의 변경은 가능하다.

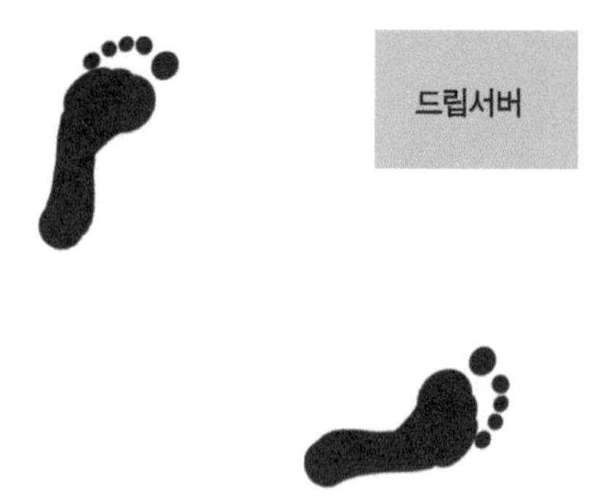

③ 중지, 약지, 소지(3, 4, 5번째 손가락)로 포트 손잡이 중단을 잡은 후 손잡이 상단 끝 부분에 검지(2번째 손가락)의 손톱 끝을 꾹 누르듯 댄다.

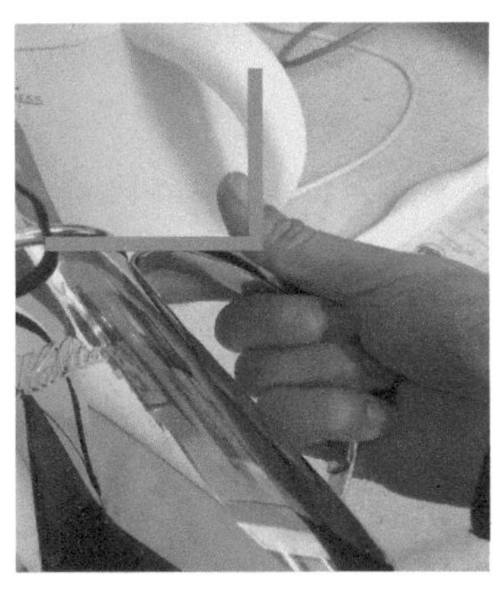

④ 포트 손잡이의 갈라진 부분 사이로 엄지 마디를 검지 방향 부위에 댄다. 엄지가 손잡이에 닿는 위치는 검지가 손잡이에 닿는 위치보다 뒤쪽이다. 검지와 엄지 두 손가락에 미는 힘을 주었을 때 둘이 만들어 내는 모양이 'ㄴ'이 되도록 한다.

⑤ 드립포트를 우측으로 약간 기울여서 신 점드립을 실시한다. 너무 적게 기울이면 물줄기가 포트 주둥이를 타고 흘러내려 물방울 낙하 궤적이 불균일하게 되고, 너무 많이 기울이면 물을 쏟을 가능성이 있으므로 주의한다.

⑥ 엄지를 약간 위로 올리며 밀어준다는 느낌으로 힘을 준다. 검지는 포트 방향으로 민다는 느낌으로 힘을 준다. 자신도 모르게 손목을 점차 몸 쪽으로 꺾지 않도록 주의한다. 이때 검지와 엄지가 가리키는 곳의 중간 정도 방향에 드립을 한다는 느낌으로 드립해야 한다.

⑦ 스윙하는 팔은 몸통에 붙여 자연스럽게 고정시키려 노력해야 한다. 팔이나 손목을 움직여 스윙하기보다는 몸 전체의 반동을 이용해서 실시하는 것이 물방울의 끊김 현상을 막을 수 있다. 숙련이 필요한 부분이다. 한 가지 더 추가하자면, 팔꿈치가 옆구리에 붙어 있는 형태보다는 팔꿈치를 약간 뒤로 뺀다. 그래야 물이 들어 있는 호소구치 포트를 들었을 때 그 무게가 반감되고 안정감이 있다. 이렇게 해야 서버와 드리퍼를 높은 탁자에 놓아도 드립이 편안해진다.

⑧ 허리를 펴고 자세를 안정적으로 유지한다. 지속적인 연습으로 자세가 안정되게 숙련될 경우, 드리퍼 하단을 왼손으로 잡고 중심을 잡아도 좋다. 여전히 허리는 펴고서 서 있어야 한다.

⑨ 스트레이트 드립에서도 마찬가지로 스윙은 팔이 아닌 몸으로 해 주어야 실수를 줄이고 원하는 궤적에 보다 정교한 스윙이 가능해진다.

07 이런 드립 자세, YES or NO

신 점드립을 연습하는 사람들이 종종 상담을 해온다.

"방울은 어찌어찌 하다 보니 형성은 되는데, 너무 불편하고 힘들어요. 연습이 부족해서 그렇겠지요?"

방울의 형성에도 중요하지만, 자세를 올바로 잡지 못하면 상담자들이 질문한 것처럼 불편해진다. 그것도 무엇이 틀렸는지를 모를 터이니 알 때까지 영원히 말이다.

그래서 이번 챕터에서는 좀 더 편하게 신 점드립을 즐기고 안정된 드립자세를 일정하게 유지하기 위해서 숙지하고 있어야 할 지식을 제공하려한다. 배우고 익혀 즐거운 커피 생활에 도움이 되길 바란다.

1. 팔꿈치의 위치는?

〈이런 팔꿈치 위치, NO!〉

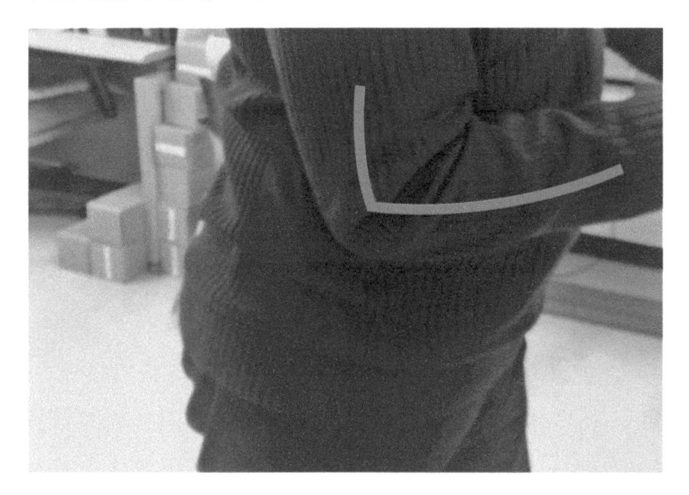

〈이런 팔꿈치 위치, YES!〉

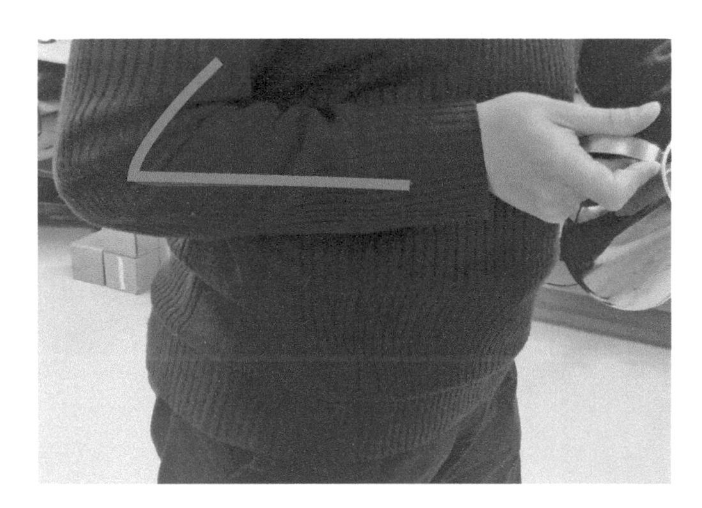

이 내용은 사실 드립 자세 안내 챕터에서 이미 언급을 하였으나, 신 점드립 유저들 중 꽤 많은 이들이 범하는 실수 중 하나였다. 팔꿈치를 옆구리에 바짝 가져다 댄 상태에서 드립을 하는 자세, 무엇이 문제인지 느낌이 오지 않을 수도 있다. 특히 남자의 경우는 더 둔할 수도 있을 것이다. 남자의 경우에도 체감할 수 있는 예를 들어본다면 아령 운동을 생각해 보자. 아령을 들어 올릴 때 팔꿈치의 위치를 옆구리 바로 옆에 놓고 아령을 몇 번 들어 올려 보라. 두 번째로 팔꿈치의 위치를 옆구리보다 조금 뒤로 당겨서 놓은 후 아령을 몇 차례 들어 올려 보라. 어느 것이 더 가볍게 느껴지는가? 분명히 후자가 훨씬 편하다.

상당히 많은 수의 신 점드립 사용 여성들도 이러한 어려움을 토로했다. 물이 담긴 포트가 너무 무거워서 스윙을 제대로 할 수 없다는 것이었다. 처음에는 어찌하다 보니 시작은 했는데, 손이 떨려서 2차 스윙까지 갈 수 없다고 말하는 사람도 있었다. 문제는 바로 팔꿈치의 위치일 수 있다. 그래도 너무 무겁다면, 본인의 건강을 위해 잠시 포트는 내려놓고 아령을 대신하여 잡아 보는 것도 추천해 본다.

2. 손목 꺾기 모양은?

〈이런 손목 모양 NO!〉 : 아래로 처진 모양

〈이런 손목 모양 YES!〉 : 힘 있게 세운 모양

포트를 잡은 손목은 아래로 처지면 안 된다. 이와 같은 자세는 잘못된 습관의 형성을 초래할 수 있다. 손가락의 지렛대 힘을 이용하여 간결하게 물방울을 형성하는 것이 올바른 자세인데, 손목이 아래로 처지면 포트를 옆으로 기울이는 기울기를 통해 점을 형성하려 하는 경향을 나타나게 된다. 이는 '자세'가 아니라 '감(感)'에 의존하는 신 점드립 방법이 되어 버린다. 어느 순간 감이 둔해지면 방울 형성이 불가능해지는 것이다. 손목을 들어주는 것. 이는 엄지와 검지의 감각, 그리고 아주 약간의 기울기 차이를 이용한 방울 형성 능력을 극대화시킨다.

〈이런 손목 모양 NO!〉 : 몸통(배) 방향으로 꺾인 모양

〈이런 손목 모양 YES!〉 : 손등 방향으로 약간 꺾인 모양

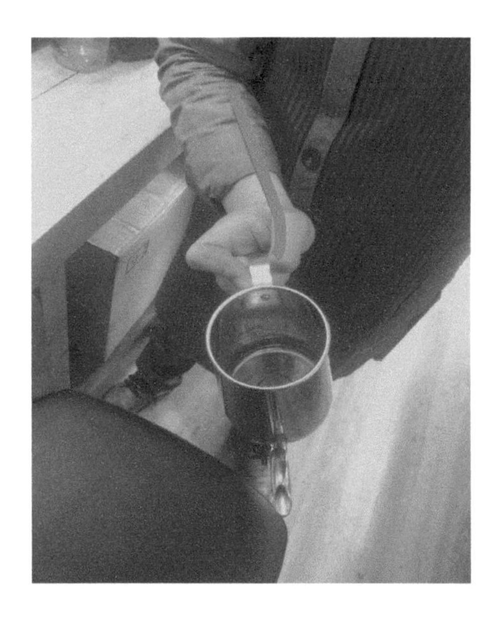

그리고 앞의 사진처럼 손목이 몸통, 즉 배를 향해 굽어서도 안 된다. 1번 글에서 지적한 것처럼 팔꿈치 위치가 잘못되면 그 무게를 못 이겨 점차 잘못된 손목 모양까지 나타나기 일쑤이다. 이렇게 되면 역시나 기울이는 것에만 신경을 쓰게 되어 느낌에 의존하는 습관이 형성된다. 바른 자세를 유지하는 것은 생각보다 어렵다. 자세를 생각하다가 본인도 모르게 물방울 형성으로 신경이 집중되고, 그러다 보면 자세가 또 어그러진다. 둘을 함께 살리는 방법은 아무래도 숙련뿐일 것이다.

3. 드립포트를 손에 쥐어 고정하는 높이는?

〈이런 높이, NO!〉

앞에서 설명한 손목의 모양을 연습할 때, 이상하게도 잘 안 되는 사람들이 있다. 이 경우는 대부분 처음에 드립포트를 고정시키는 위치에 문제가 있어서다. 꽤 많은 신 점드립 사용자들이 이 문제점을 안고 있었는데, 드립포트 잡는 자세를 자신의 '눈높이'에 고정시키고 있었던 것이다. 이는 자동적으로 손목을 아래로 떨어뜨리게 만드는 데에 결정적인 영향을 주게 된다.

〈이런 높이, YES!〉

손목을 고정시키는 위치는 위의 사진을 참고하자. 실제 신 점드립을 시작하려 할 때의 높이와 동일한 위치에서 그립을 고정시킨다. 다시 말해, 드립서버와 드리퍼를 자신의 앞에 놓고, 또는 자신의 앞에 있다고 상상하고 그 위에서 자세를 잡아야 한다는 것이다. 이것만 행해도 꽤 많은 문제점이 교정될 수 있을 것이다.

4. '서버-드립포트-팔'의 위치는?

〈이런 연결 위치 YES!〉

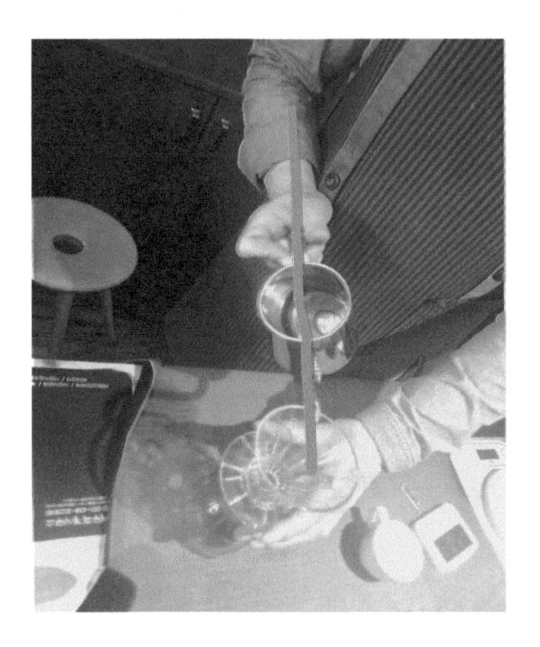

앞서 언급한 자세들은 상호 연관이 되어 있다. 그 연관성을 사진으로 표현하면 위의 모습과 같다. 팔과 포트의 방향은 일자를 이루어야 하고, 그 목표점은 드립서버이다.

그렇다면 잘못된 연결 위치가 나타나는 경우는 어떤 것일까?

〈이런 연결 위치 NO!〉

이와 같은 모습이 나타나는 이유는 드립서버를 몸쪽으로 너무 가까이 붙인 상태에서 신 점드립을 시작했기 때문이다. 오른손잡이의 경우에는 2시 방향, 왼손잡이의 경우에는 10시 방향으로 드립서버를 약간만 더 이동해 본다면 자세의 수정이 가능할 것이다.

08 신 점드립의 물줄기(스트레이트) 드립

신 점드립을 할 때 물줄기(스트레이트) 드립은 딱 2회 실시한다. 한 번은 뜸들일 때이고, 나머지 한 번은 2차 추출 마지막에 실시하는 1~3회의 스윙때다. 이미 몇 차례 이에 대해 언급을 하였으나 제대로 된 숙지를 위해 독립된 챕터로 설명을 보충한다.

1. 뜸들이기

일반적인 중배전 원두는 스트레이트로 뜸을 들인다. 뜸은 다공질 내의 가스로 하여금 물과의 계면활성화를 일으키게 하여 고체화되어 있던 커피 에센스를 녹여 다공질 벽면에 액체로 묻어 있게끔 변화시켜 주는 역할을 한다. 이때 점이 아닌 스트레이트로 물줄기를 주는 이유는 확산이 최대한 짧은 시간 안에 균일하게 진행되도록 만들기 위함이다.

그러나 약배전과 강배전의 경우에는 원두의 흡습성이 적어 확산이 잘 일어나지 않는다. 즉 물줄기가 원두층을 쉽게 투과한다. 따라서 계면활성화가 잘 일어나지 않는다. 다시 말해서 뜸이 잘 들지 않아 부푸는 정도가 적다. 게다가 강배전 원두의 경우 분쇄시 부스러기가 많이 생성되어 뜸들일 때부터 드리퍼 밑부분에 진분이 쌓여버릴 수 있다. 이는 물고임 현상을 일으킨다. 따라서 과도한 강배전 원두와 약배전 원두의 뜸은 빠른 방울 나선형 점드립으로 실시하기도 한다.

2. 2차 추출 마지막의 물줄기 스윙

2차 추출 시 중심에서 바깥으로 4바퀴, 바깥에서 중심부를 향해 4바퀴로 나선형 점드립을 실시하였을 때, 대부분 중앙 부분에서 아직은 부글부글 무언가 끓어오를 것 같은 낌새가 나타나지 않는다. 이때에는 한 바퀴 정도 점드립을 더 돌려준다. 그렇게 되면 기포가 올라올 듯한 모습이 살짝 보이게 되고, 이때를 재빨리 파악하여 곧장 스트레이트 드립을 한다.

아주 부드러운 맛을 주기 위해서는, 스트레이트로 전환하자마자 거품이 살짝 끓어오르는 것을 확인하고 물줄기를 끊는다. 부드러운 맛을 주려면, 스트레이트 전환 후 1바퀴를 스윙한다. 중간 맛을 주려면 2바퀴를 스윙한다. 진한 맛은 3바퀴이다.

※ 주의 : 가운데를 중심으로 원을 작게 그려준다.
중요한 것은 회전 · 주입하는 물의 양이다.

09 상하 기압 평형화로 인한 에센스 급속 추출 현상

1. 현상 : 어라? 푹 꺼지네?

〈신 점드립 드리퍼 상 · 하단 기압 평형화로 인한 커피 성분 급속 추출 현상〉

신 점드립으로 커피액을 추출 할 때 항상 겪는 부분이 있다. 바로 2차 추출 막판의 스트레이트 드립이다. 이때 공통적으로 볼 수 있는 광경은, 평평했던 커피가루 상단 표면이 스트레이트 드립 직후 푹 꺼져버리는 모습일 것이다.

2. 원리 : 왜 이런 현상이 발생할까?

신 점드립의 특징은 방울로 스윙을 한다는 것이다. 중앙에서부터 바깥으로, 그리고 바깥에서 중앙으로 나선형 스윙 점드립을 실시하면서 드리퍼 속 원두에 무슨 일이 일어나는가를 분석해 보면 앞의 질문에 대한 답이 나온다. 나선형 점드립을 진행하면 진행할수록 드리퍼의 중앙 하단 부분은 가스 압력이 가득 차게 된다. 이는 이산화탄소 및 탄산가스로, 드리퍼 상단 표면에 위치한 원두로부터는 약간의 양은 공기 중으로 분산되지만, 이들 가스는 분명 공기보다 무거운 종류의 화합물이므로 대부분은 드리퍼 내부에 그대로 남게 된다. 그리고 중앙에서 점드립을 실시할 때에는 그 가스의 생성이 점차 드리퍼의 측면으로 확산되다가, 다시 바깥쪽에서 안쪽으로 점드립을 진행하면서 그 가스압이 중앙으로 집중하게 된다. 이러한 과정을 거치며 드리퍼의 중앙 아래쪽에 가스가 가득 모이게 되는데, 드리퍼 최하단에는 뻥 뚫린 구멍이 있지만 위쪽은

가스층과 원두로 가로막혀 있는 상태가 된다. 일종의 진공 상태 또는 저기압 상태가 되는 것이다. 이리하여 아래의 기압과 위의 기압은 불균형을 이루게 된다. 그 상태에서 갑자기 물줄기로 위쪽 가스층을 터뜨려주는 것이다.

그러면 그 진공 상태가 갑자기 해제되고 드리퍼의 위와 아래의 대기압이 서로 같아진다. 이제 드리퍼 하단 부위를 중심으로 에센스가 빠져나가면서, 그 충격에 의해 커피 입자 각각의 주변에 위치하여 부풀어 오른 구조를 무너뜨리지 않게 지탱해 주던 가스 방울들도 터지게 된다. 이로 인해 도미노처럼 커피 입자는 드립퍼 하단 중심부를 향해 빨려들어가듯 무너진다. 조심스럽던 원두층이 무너지면서 다공질 구조 안에 있던 에센스 성분이 쥐어짜지는 현상이 나타나게 되고, 더불어 갈수록 흐물흐물해져서 금방이라도 추출될까 말까 하는 아슬아슬한 상태였지만 가스층 덕에 버티고 있던 섬유소 성분들이 한꺼번에 추출되는 것이다. 이 섬유소의 추출량 조절을 통해 부드러운 맛, 중간 맛, 진한 맛의 단계가 표현되는 것이다. 신 점드립의 묘미이다.

3. 궁금증 해결 도우미 : 원리에 대한 예시

이 폭발 현상은 여러 가지 예로 설명할 수 있다.

그 첫 번째 예를 들어보겠다. 물이 가득 들어 있는 컵에 빨대를 꽂아본다. 그리고 그 빨대의 입구를 손가락으로 꽉 막은 후 컵에서 분리하여 본다. 빨대 안에 들어 있는 물이 그대로 진공 상태로 머물러 있는 것을 볼 수 있다. 이때 막고 있던 손가락을 떼는 순간, 빨대 안의 물은 쭉 빠져

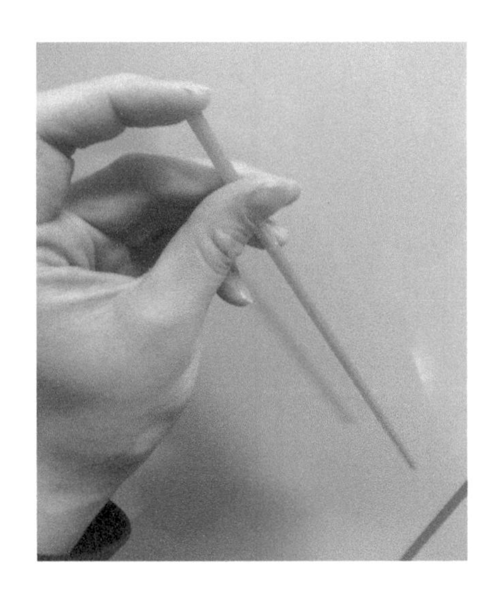

나가고 만다.

두 번째 예이다. 날달걀을 빨아 마실 때의 예이다. 누구나 날달걀을 깨뜨려 쪽쪽 빨아 마셔본 경험들이 있을 것이다. 한 쪽에만 구멍을 내서 빨면 절대 달걀 맛을 볼 수 없다. 그렇다면 어떻게 먹을까? 우선 젓가락으로 달걀 한 쪽에만 구멍을 낸 후, 그 구멍을 손가락 하나로 막는다. 그리고는 반대쪽에 구멍을 하나 더 낸다. 그 두 번째 구멍을 입에 가져다 대고, 아까 막았던 구멍에서 손가락을 뗀다. 그러면 날달걀 액이 입으로 쭉 들어오게 된다.

마지막 예이다. 주사기 놀이를 생각해 보자. 주사기에 물을 어느 정도 빨아들여 놓으면 아래의 구멍이 뚫려 있음에도 불구하고 물이 새지 않는다. 그러나 피스톤을 갑자기 '뿅!'하고 제거하면 그 순간부터 물이 줄줄줄 새어나오기 시작한다. 이 역시 같은 원리다. 독자들의 궁금증 해소에 도움이 될 수 있기를 바란다.

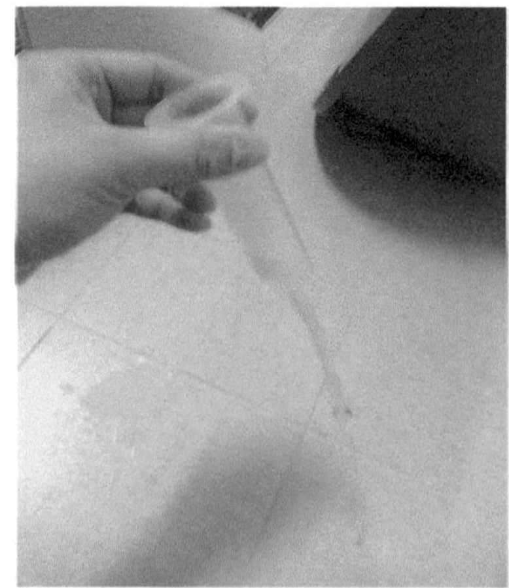

10 신 점드립에서의 카페인 조절

"커피를 왜 마시는가?", "커피를 왜 마시지 않는가?" 이 두 가지 질문에 공통적으로 "카페인 때문이다."라고 답하는 경우를 볼 수 있다. 카페인이 주는 각성 효과의 매력은 대단하다. 아침마다 진한 커피를 찾는 직장인들에게 쓴맛은 중요치 않다. 나의 눈을 띄워 주는 향기나는 커피면 그만이다. 그러나 예민한 사람들에게 그러한 커피의 음용은 고통이다. 조금만 마셔도 가슴이 두근거리고, 이른 오후에 마신 커피인데도 밤에 잠을 이루지 못하는 느낌이 든다고 말한다.

카페인, 커피의 매력이자 단점이기도 한 양날의 검. 이 카페인이 무엇이고, 신 점드립에서는 카페인이 어떤 의미가 있는지에 대해 이야기 나누어보자.

1. 커피와 차(茶)

대중에게 사랑받는 음료 중에 카페인이 들어 있는 대표적인 것으로 커피와 차(茶)를 들 수 있다. 녹차의 잎에는 카페인 함량이 커피의 그것보다 더 높다. 그런데 마실 수 있게 만들어지면 그 함량이 줄어드는

데, 그 이유는 커피에 비해 우려내는 물의 온도가 낮고, 물과 녹차의 성분 중에 카테킨(카페인 흡수 억제 효능)과 데이닌(카페인 활성 억제 효능) 성분의 영향으로 소량만이 우러나며 몸에 적게 흡수되기 때문이다. 이것이 카페인에 민감한 사람이라도 차는 마실 수 있다고 말하는 경우가 있는 이유이다.

2. 일반적인 핸드드립 추출과 카페인 함량

사람마다 카페인이 몸에 반응하는 정도는 다르다. 따라서 개인마다 하루에 마시기로 정해 놓은 커피의 양이 다르고, 심한 경우 아예 마시지 않거나 디카페인 커피를 찾는 사례도 있다. 그런데 사실 드립의 원리를 이용하여 커피에 들어가는 카페인의 함량을 줄여주거나 억제하는 것이 가능하다.

카페인은 섬유소에 분포하며 온도와 시간의 영향을 많이 받는 성질을 가지고 있다. 따라서 드립에 사용하는 물의 온도를 낮추거나, 드립시간을 단축하여 커피 에센스에 추출되는 섬유소와 카페인의 함량을 줄일 수 있다. 그러나 어차피 그 맛의 비율은 종의 맛보다는 횡의 맛의 성질이 강하기 때문에 그 효과가 크지 않다. 더불어 종의 맛은 여전히 적어 커피의 맛을 결정하는 에센스의 과소 추출로 인해 오히려 커피 맛이 반감될 수 있다. 이는 카페인의 양을 줄이긴 하지만 더 중요한 맛을 잃게 하는 방책인 것이다. 따라서 필자는 추천하지 않는다.

3. 〈카페인 감소 + 향미 유지〉 = '신 점드립'

'종의 맛인 에센스를 최대한 뽑아내면서도 횡의 맛을 최소화시켜야 한다.' 이것이 결국 커피의 카페인 함량을 줄이면서도 향미를 유지하는 방법이다. 익숙한 내용이다. 바로 '신 점드립'이 그 해답인 것이다.

어떻게 하여 카페인을 감소시킬 수 있는가? 이는 사실 1강(종의 맛과 횡의 맛), 2강(핸드드립 시 일련의 화학 과정)에서 자세히 언급된 바 있다. 일반적인 물줄기(스트레이트) 핸드드립은 붓는 물의 양이 너무 많아 드리퍼 내부에 뜨거운 물이 상대적으로 오랜 시간 동안 머물러 있게 된다. 이는 결국 반응 시간의 영향을 많이 받는 섬유소와 카페인의 추출을 가속화시켜 카페인 과추출을 유발하게 된다. 그에 반해 신 점드립의 나선형 스윙 방울 핸드드립은 표면부터 추출구까지 다공질 표면에 맺혀 있던 에센스를 닦아내며 추출한다. 단위면적당 뿌려주는 물의 양이 적으므로 드리퍼 내부에 정체되는 물도 거의 없다. 따라서 우러나오는 커피 성분이 최소화되는 것이다. 따라서 신 점드립을 사용한 커피 추출은 카페인의 감소를 유도할 수 있다.

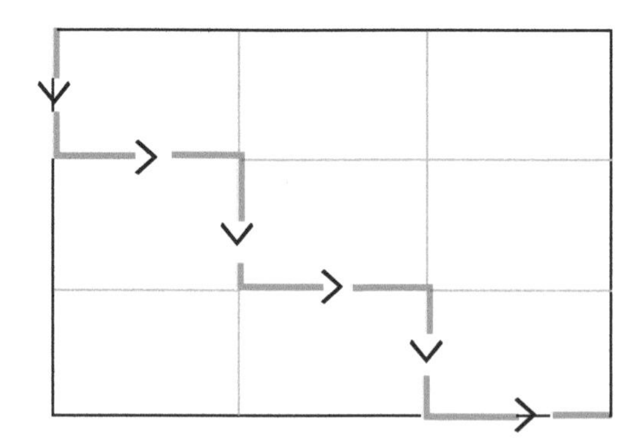

4. 카페인 함량을 조절할 수 있는 신 점드립

종종 이러한 질문을 받은 적이 있다. "카페인이 커피의 매력인데 그런 카페인이 거의 없으면 커피가 아니라 그냥 맹물 아닌가요? 그냥 밍밍할 것 같아서 저는 싫습니다." 이는 신 점드립에 대해 정확히 알아보지 않은 사람들의 '추측성 발언'이다.

신 점드립의 특징은 분명 방울로 나선형 드립을 실시하는 1차와 2차 추출에 있다. 그에 더불어 2차 추출 마지막에 실시하는 상하 기압 평형화(9강 참고)를 잊어서는 안 된다. 상하 기압 평형화의 원리는 9강을 참고하되, 그 방법에 대해서만 재차 언급하겠다. 신 점드립 추출의 일련 과정은 다음과 같다.

(1) 1인분 기준 20g의 분쇄 원두를 선호하는 드리퍼(고노, 칼리타, 하리오 등)에 담는다.
(2) 분쇄 원두 표면에 뜨거운 물을 나선형 물줄기(스트레이트)로 3바퀴 붓는다.
(3) 30초 동안 뜸을 들인다.
(4) 1차 추출 : 〈중앙 → 밖〉 방향으로 4바퀴, 〈밖 → 중앙〉 방향으로 4바퀴 나선형 방울 드립을 30초 이내에 실시한다. (총 8바퀴)
(5) 30초 동안 대기한다.
(6) 2차 추출 : 〈중앙 → 밖〉 방향으로 4바퀴, 〈밖 → 중앙〉 방향으로 6~7바퀴 나선형 방울 드립을 30초 이내에 실시한다. (총 10~11바퀴) 마지막에 물줄기 드립으로 전환하여 1~3바퀴 스윙하여 터뜨린다.
(7) 30초 동안 대기한다.

(8) 뜨거운 물로 희석하여 200ml로 만들어 1인분의 신 점드립 커피를 완성한다.

앞 (6)의 항목을 살펴보자. 2차 추출 마지막에 방울 드립이 아닌 물줄기 드립으로 전환하여 1~3바퀴 스윙한다고 언급하였다. 바로 이 부분이 카페인의 함량 조절과 관련이 있다. 상하 기압 평형화 관련 이론 챕터에서 분쇄 원두 내부에 머금고 있던 에센스와 섬유소 성분이 막판의 물줄기 드립으로 인해 터져 나온다고 제시한 바 있다. 이때 부어주는 물의 양이 적으면 섬유소의 양 역시 그만큼 적고, 그 물의 양이 많아질수록 섬유소의 양이 증가하는 것이다. 여러 차례 설명하지만, 섬유소에는 카페인 성분이 포함되어 있다. 섬유소 성분이 많다는 것은 결국 카페인의 함량도 증가한다는 의미이다.

그렇기에 부드럽고 카페인 함량이 적은 커피를 선호하는 사람은 마지막 물줄기 드립 스윙 횟수를 적게 실시하면 되고, 진하고 쌉싸름하면서 카페인의 강렬한 느낌을 선호하는 사람은 그 횟수를 늘려 실시하면 되는 것이다. 필자에게는 3바퀴를 초과하는 막판 물줄기 드립은 그 맛이 너무 강렬하여 일반적인 핸드드립 커피와 다를 바 없는 느낌이었다. 소비자의 선호도 역시 마찬가지였기에, 해당 스윙 횟수는 3회를 넘기지 않는 것을 추천한다. 특히 카페인 자체를 싫어하거나 가슴 두근거림 등과 같은 증상 때문에 매우 예민한 사람은 물줄기 드립을 1바퀴는 말할 것도 없거니와 터뜨리는 것을 생략한 채 드립을 끝내 버리는 것도 좋은 방법이다. 이러면 카페인의 함량 자체가 거의 없게 된다.

2

신 점드립
Ask

11 섬유소?

신 점드립에 관련된 글을 읽을 때에 가장 많이 접할 수 있는 단어는 '섬유소'이다. 그러나 이 물질에 대해 자세히 다루는 커피 관련 글을 접하기는 어렵다. 과연 커피콩을 이루고 있는 섬유소란 어떤 물질일까?

1. 식이 섬유소

식이 섬유소는 물에 대한 친화성을 기준으로 '수용성 섬유소'와 '불용성(난용성) 섬유소'로 구분할 수 있다.

(1) 수용성 섬유소 : 과일의 과육, 해조류, 콩류에 주로 함유되어 있다. 이는 섬유질, 섬유소로 이루어진 구조물이다.

(2) 불용성(난용성) 섬유소 : 셀룰로오스, 헤미셀룰로오스, 리그닌이 주를 이룬다. 이는 주로 식물의 줄기, 곡류의 겨층, 과일의 껍질 등의 구성 성분이다.

2. 불용성 섬유소

커피콩의 섬유소는 불용성 섬유소로 이루어져 있다. 이는 물에 녹지 않아 젤 형성 능력이 낮으며 대장에서 박테리아에 의해서도 대사되지 않는 섬유소로 셀룰로오스(cellulose), 리그닌(lignin), 헤미셀룰로오스(hemicellulose) 등이 있다. 생리작용은 분변 양을 증가시켜 위장 통과 속도를 빠르게 하며 위장의 포만감, 위액 분비의 촉진, 그리고 비만을 예방하는 것으로 알려져 있다.

그러나 이러한 포만감은 갈증을 유발하고, 위액 분비는 위산과다증과 식도에서의 위산 역류를 야기시킬 수 있다. 이는 디카페인 커피를 마시는 사람에게도 해당되는 이야기이다. 또한, 불용성 섬유소는 칼슘과 결합하여 이를 체외로 배출시키는데, 이를 통해 무기질의 체내 흡수를 방해할 수 있다. 콩팥에도 작용하여 소변량을 증가시키고, 탈수 현상이 일어날 수 있다. 더불어 섬유질은 체내의 수분을 흡수하기 때문에 마셔주는 물의 양이 적으면 소화가 더디거나 소화불량의 원인이 되며 변비를 유발한다.

12 분쇄도와 신 점드립 커피의 맛

신 점드립의 분쇄도는 어느 정도가 적당할까? 신 점드립에서 가장 기본이 되는 추출 원리는 종의 맛 극대화와 횡의 맛 최소화이다. 이러한 원리에 입각하여 드립을 실시한다면 어려울 것이 없는 것이 분쇄도이다.

1. 가는 분쇄

입자가 가늘게 되면 그만큼 표면적이 넓어지고 물에 반응하여 추출되는 성분량이 과다하게 된다. 게다가 미분과 원두 가루의 크기 차이가 별

로 없어서 날려 보내는 것 자체가 어려워진다. 이는 섬유소의 맛을 더 추출할 가능성이 커진다는 것이다. 전반적으로 물줄기 드립에 가까운 맛이 추출될 수 있다. 가는 분쇄의 기준이 무엇인지 궁금해 하는 독자가 많을 것이다. 그러나 어떤 그라인더를 사용하였을 때 수치 몇의 눈금에 맞추어야 한다는 맞춤형 정보를 알려주기는 어려울 것 같다. 다만, 뜸을 들일 때 너무 가는 분쇄의 원두는 그 표면에 물이 닿자마자 흡수가 되기보다는 물이 뭉쳐서 내려가지 않는 느낌이 강하다고 표현하겠다.

2. 굵은 분쇄

입자가 너무 굵게 되면 물과 반응하는 표면적이 감소하여 추출 성분이 과소하게 된다. 미분과 원두 가루의 구분이 확실해져 미분 및 은피 가루를 날려 보내는 것은 수월하겠으나, 깊게 자리한 커피 성분은 여러 겹의 섬유질 층으로 가로막혀 과소 추출이 일어날 수 있다. 때문에 에센스의 비율이 너무 적어 밍밍한 맛이 나버리게 된다.

그러나 섬유소의 추출이 잘 이루어지지 않는 만큼 드립의 실수가 있다하더라도 횡의 맛 추출이 적다는 점은 장점으로 볼 수 있다.

너무 굵은 분쇄를 하였다는 것을 알 수 있는 방법 역시 핸드드립의 뜸을 들여 보는 것이다. 가는 분쇄와는 반대로 2바퀴 이상의 물줄기를 부었음에도 불구하고 전혀 부풀어오르지 않고 그냥 물이 투과되어 빠져버린다면 그 분쇄도는 너무 굵은 것이라 볼 수 있다.

3. 이상적인 분쇄

가장 맛있는 원두 분쇄 방법, 그것은 맛에서 찾아야 한다. 횡의 맛과 종의 맛을 구분하고, 그것의 균형이 좋은 분쇄도를 결정하여 사용하는 것이 좋다. 그러나 적당한 분쇄도로 제대로 된 신 점드립을 사용했다면, 과다추출이 되는 경우는 드물다. 섬유소 추출 자체를 최소화시키는 드립 방법이기 때문이다.

그러나 굳이 기준을 말하자면 다음과 같다. 원두 가루의 뜸을 들일 때 원두의 부풀어 오르는 모습을 잘 관찰하라. 만약 너무 굵은 분쇄도의 커피를 쓴다면 물을 부었을 때 부풀어 오르기보다는 물이 너무 쑥쑥 빠져

내려가는 인상이 강할 것이다. 반대로 너무 가는 분쇄도의 커피를 사용한다면 물은 붓자마자 커피가 빠르고 과하게 부풀어 오르다 못해 표면에서 흘러서 측면으로 쓰러지는 모습을 관찰할 수 있을 것이다.

적절한 분쇄도는 그 중간에 있다. 어떤 모델의 그라인더를 썼을때 몇 번 게이지에 놓아 갈아야 한다는 식의 조언은 사실상 소용이 없다. 같은 원두, 같은 기기라 하더라도 그날의 상태에 따라 분쇄도가 다를 수 있기 때문이다. 심지어 갓 출고된 기기도 마찬가지다.

13 아이스커피 신 점드립의 방법과 원리

1. 아이스 드립법 종류

차가운 커피를 만드는 방법은 3가지 정도가 있다. 향미에 큰 차이가 없을 것 같지만 생각보다 차이가 있으므로 방법을 잘 숙지하면 맛있는 아이스커피를 즐기는 데에 큰 도움이 될 것이다.

1) 후랭식

(1) 핸드드립 커피를 추출한 후 얼음을 타는 방식

(2) 장점 : 얼음의 양으로 1잔의 커피양을 조절할 수 있다.

(3) 단점

① 얼음이 녹으면서 맛이 연해진다.

② 드립에서 차가워지기까지의 시차가 크기 때문에 그 사이 맛과 향이 달아난다.

③ 시원한 청량감이 적은 편이다.

④ 커피 추출 액과 녹은 얼음의 온도 차로 인해 물의 존재감이 느껴질 수 있다.

2) 급랭식

(1) 드립서버 안의 얼음 위에 커피를 바로 추출하여 찬 커피를 만드는 방식이다. 드립서버 안에 얼음을 가득 채우고 그 위에서 커피 추출을 실시한다. 느린 방울이나 중간 방울을 사용한 드립은 자칫 진하면서 강렬한 맛이 만들어지는데, 이를 보완하기 위해 일정량의 차가운 물을 희석한다.

(2) 장점 : 후랭식보다는 커피의 냉기를 더 오래 잡아두므로 맛과 향을 더 잘 보존할 수 있다.

(3) 단점 : 완성된 아이스커피를 그대로 또는 얼음을 첨가하여 마시기 때문에 이 역시 추후의 온도 상승으로 인한 향미 변화 및 물맛 증가는 피할 수 없다. 그러나 후랭식에 비해서는 좋은 맛을 느낄 수 있다.

3) 2중 급랭식

(1) 아이스 바스켓을 사용하는 방식으로 급랭식과 매우 유사하다.

(2) 각얼음을 넣은 드립서버 위에 각얼음을 담은 아이스 바스켓을 올려놓고, 그 위에 드리퍼를 설치하여 추출을 실시한다. 이렇게 통과되어 나온 아이스커피는 맨 아래층의 드립서버에 모이게 되고, 여기에서 다시 각얼음과 만나게 되어 아이스커피가 완성된다. 가장 진한 농도의 아이스커피가 만들어지며 이를 보완하기 위해 차가운 물을 희석하기도 하지만 얼음이 녹아 희석되는 속도가 느리기에 긴 시간 천천히 음미하기 위한 방법으로 주로 사용한다.

(3) 장점 : 에센스가 바스켓 안의 얼음 위에 바로 떨어져 급속히 녹겠지만, 그 아래에 있는 드립서버의 얼음과 곧장 다시 만나게 되어 응축된다. 이로 인해 각얼음이 녹는 속도가 느리기에 휘발성이 강한 향과 맛을 일정하게 지속시킬 수 있다.

(4) 단점 : 바스켓의 높이 때문에 점드립 자세를 조절하기가 어렵다.

2. 신 점드립 급랭식 아이스커피 추출의 모델링

(1) 원두는 약 25g 분쇄한다.

(2) 얼음을 드립서버에 가득 채운다.

(3) 얼음에 에센스가 닿아 부피가 늘어 드립서버 안에 최종적으로 얼음과 섞여 모인 커피 총량이 220~250ml에 이르도록 최대한 진한 맛으로 추출한다.

(4) 60~80ml 정도의 에센스에 닿아 녹게 되는 얼음의 부피가 150ml 정도에 이르고, 추출 후 시간 경과로 인해 얼음이 추가적으로 녹아서 생기는 물이 커피의 농도를 너무 묽게 만들 수 있다. 이는 보통 때 1인분 커피량을 뽑아 희석하였을 때의 총량보다 많게 된다. 따라서 원두의 양을 늘려 에센스의 농도를 진하게 만들고, 최대한 진한 맛을 내도록 신 점드립을 실시하여 커피의 맛을 적절하게 조절해야 한다.

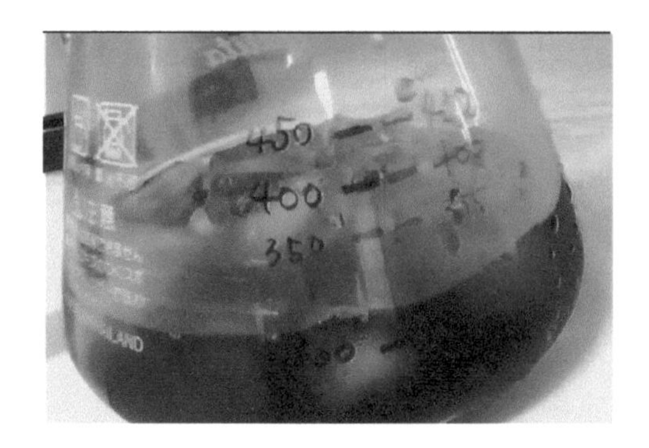

(5) 차가운 물을 첨가하여 총량을 300ml 이상으로 맞춘다. 부드럽고 진한 맛의 기호에 따라 희석량은 조절 가능하다.

(6) 아이스커피용 잔에 담아 마신다.

14 신 점드립에서는 왜 물을 뜨겁게 하는가?

이 책에서는 신 점드립을 실시할 때 드립하는 물을 섭씨 90도, 90도 이하, 90도 이상 등의 온도가 되도록 조절하여 맛을 낸다는 설명을 한 적이 전혀 없다. 신 점드립에서는 그냥 끓인 물을 서버에 담아 서버를 데우고, 곧장 드립포트로 옮겨 드립을 실시한다. 다른 에누리가 없다. 왜 그런 것일까? 그 원리와 반대의 상황을 관찰하여 보자.

1. 뜨거운 물로 드립 해야 하는 이유

누구든 온도에 따른 성분 추출에 대해서는 다음의 내용을 인정한다.

높은 온도 = 과다 추출
낮은 온도 = 과소 추출

실제 높은 온도에서 더 많은 종류의 에센스 성분들이 융해되어 추출된다. 이는 수많은 물리・화학 교본과 커피 관련 논문에서 확인할 수 있다. 문제는 추출되는 섬유소의 양이다. 섬유소의 양은 온도에도 영향을 받지만 물에 우러나는 시간에 비례하여 영향을 더 많이 받는다. 즉 추출 시간이 길어질수록 추출되는 섬유소의 양이 많아진다는 뜻이다.

에센스 추출량 ∝ 물의 온도
섬유소 추출량 ∝ 물과의 반응 시간

커피 에센스는 물에 잘 녹는 성분으로 온도가 상승할수록 그 용해도가 증가한다. 드립의 초반에 나오는 성분이다. 섬유소는 드립 방법에 따라 나누어 생각해 보자. 신 점드립의 경우 드립 막판의 알맞은 시기에 일정량을 조절하여 추출하지만, 스트레이트 드립의 경우는 커피가루가 물에 잠겨 있어 오랜 시간 물과 반응하여 우러나올 뿐만 아니라 고온의 영향까지 더 받게 된다.

2. 온도를 달리하여 추출하였을 때 맛의 차이는?

확산 현상은 밀도 차이나 농도 차이에 의해 물질을 이루고 있는 입자들이 스스로 운동하여 액체나 기체 속의 고농도/고밀도 위치에서 저농도/저밀도 위치로 퍼져 나가는 모양을 말한다. 또한, 계면활성화는 세제가 물에 반응하여 부글부글 거리며 빨래에 빠르게 침투하듯 확산을 촉진시키는 현상을 말한다.

물의 온도가 높을수록 계면활성화 현상과 확산현상이 활발해진다. 그에 따라 커피 에센스 성분의 추출이 원활해진다. 그에 반해 낮은 온도의 물로 드립을 할 경우 에센스는 과소 추출되고 섬유소 성분은 드립 시간이 비슷한 이상 거의 변화가 없다.

구분	스트레이트 드립	신 점드립
고온의 물 사용 시	에센스 많다. 섬유소 많다.	에센스 많다. 섬유소 적다.
저온의 물 사용 시	에센스 적다. 섬유소 많다.	에센스 적다. 섬유소 적다.

온도와는 상관없이 생각했을 때, 신 점드립은 물줄기(스트레이트) 드립에 비해 절대적인 에센스 추출량 자체에는 차이가 없다. 그러나 에센스는 어차피 물에 잘 녹아들기에 물줄기(스트레이트) 드립으로 하건 신 점드립으로 하건 잘 씻겨 나와서 절대적인 질량 차이는 매우 적다. 반대로 말하자면, 물줄기(스트레이트)로 물을 들이붓는다 하더라도 뽑아낼

수 있는 에센스의 양은 결국 한계가 있다.

그에 반해 섬유소는 물줄기(스트레이트) 드립에서 어쩔 수 없이 매우 큰 비율로 뽑아내게 된다. 하지만 신 점드립은 섬유소를 절대적인 양으로든 별로 뽑아내지 않고 드립 막판의 물줄기(스트레이트) 스윙으로 추출량을 '조절'까지 할 수 있다. 그래서 물줄기(스트레이트)로 내리는 커피의 경우 에센스와 섬유소의 비율이 3대 7 정도인 반면, 신 점드립은 7대 3 정도로 커피를 만들 수 있는 것이다.

15 기존 점드립과 신 점드립의 비교 분석

1. 기존 점드립의 종류

기존의 점드립이라고 하면 보통 '고노 점드립'을 떠올린다. 바리스타마다 자신만의 고노 점드립을 소유하는 추세이기에 종류가 매우 다양하지만, 일반적인 고노 점드립은 다음과 같다.

(1) 느린 방울 드립을 분쇄한 원두 중앙 부근에 집중적으로 실시하여 뜸을 들인다. (약 1분)

(2) 잠시 대기 후 1차 추출을 스트레이트 드립으로 스윙하여 실시한다. (일반적인 롱드립 또는 동전드립 형태)

(3) 이 대기하는 시간을 갖지 않고 곧장 스트레이트로 넘어가기도 하는데, 그 시점은 드립필터 가장자리가 젖어들기 시작하는 시점이라고 말하는 바리스타들이 많다.

(4) 같은 방식으로 2차 추출을 진행하며, 종종 3차 추출까지도 진행한다.

(5) 간혹 3차 추출을 굵은 물줄기로 변경하여 대량의 커피 액을 뽑아내는 경우도 있다.

보통 고노 점드립에 있어 시간의 제한이 있거나 추출량의 제한이 있지는 않다. 또한, 드립 방법의 차이가 천차만별이지만 어떤 이유 때문에 그러한 방법이 생겨난 것인지에 대한 근거가 확실치는 않은 현실이다. 보통 '자신만의 스타일(Style)'이라는 표현을 사용한다.

2. 신 점드립과의 비교 분석

1) 다양한 맛 그리고 다양한 입맛? 그 적정선에 가깝게 드립하는 신 점드립

커피 맛에는 단맛, 쓴맛, 신맛만 있는 것이 아니다. 짠맛, 구수한 맛, 텁텁한 맛, 아린 맛 등 사람마다 느끼는 다양한 맛이 표현된다. 그러나 문제는, 카페인에 어느 정도 중독이 진행된 사람들이 아니라면, 즉 일반인이라면, 그 다양한 맛 중에 몇 가지 맛에는 호불호가 분명히 갈리고, 그 호불호로 인해 커피를 기피하는 현상이 자주 나타난다는 것이다.

2) 동일 로스팅 포인트로 맛 비교 시, 각 커피의 풍미를 확실히 살려주는 신 점드립

스트레이트 또는 기존의 점드립이 진정 커피 맛을 잘 낼 수 있는 방법이라면, 통제변인을 두어 제대로 실험을 해야 할 것이다. 통제변인, 그것은 바로 실험에서 변수가 없도록 주변 환경을 동일하게 유지해주는 것을 말한다. 커피 종류별 맛 차이를 구분하기 위해 가할 수 있는 통제변인이 무엇일까? 바로 종류는 다르지만 동일한 로스팅 포인트로 볶은 원두를 사용해 보는 것이다. 이와 같은 통제변인을 기본으로 두고, 스트레이트 또는 기존 점드립으로 다양한 종류의 원두로부터 커피를 추출하였을 때, 그 맛의 차이는 사실상 거의 없었다. 그 이유는 너무도 간단하다. 각 커피 특유의 맛을 살려주는 에센스의 양은 적은데, 그 이외의 섬유소 추출이 너무 많아서 특색 있는 맛들을 다 가려버리기 때문이다. 그에 반해 신 점드립으로 커피를 내리면 섬유소의 추출을 최소화시킨다. 이는 이미 여러 차례 언급하였다. 따라서 각 원산지 원두의 맛을 더욱더 확실하게 표현할 수 있고, 이는 곧 커피 본연의 맛에 가까운 것이다.

종종 "나는 그 섬유소의 맛이라고 하는 것도 즐긴다. 그래서 난 스트레이트가 더 좋은 것 같다."라고 반론하는 분들도 있다. 그러나 한 가지 간과한 것 같다. 신 점드립은 섬유소 추출량도 조절할 수 있다는 것을 말이다. 마지막에 스트레이트 드립으로 가스를 터뜨리면서 추출하는 것이 바로 섬유소 성분이다. 이때 붓는 물의 양으로 사람들마다 다른 취향을 만족시킬 수 있는 것이다.

16 드리퍼 종류별 신 점드립 방법 비교 : 칼리타, 하리오, 고노, 융

1. 신 점드립 커피의 드리퍼 종류별 세부 향미 차이

보통 핸드드립을 즐기는 이들이 사용하는 드리퍼는 칼리타, 고노, 하리오, 융이다. 멜리타는 제외했다. 이 드리퍼들을 사용하였을 때 어떤 것이 가장 맛이 좋을까? 여러 차례의 실험 결과, 고노 드리퍼를 이용한 신 점드립 추출이 맛 표현에 가장 유리한 것으로 드러났다. 고노 드리퍼는 향과 맛의 표현이 뛰어나면서 쓴맛을 줄여주었다. 바디감은 조금 떨어진 감이 있다. 칼리타의 경우는 쓴맛이 조금 더 표현되었고, 에센스의 추출 자체가 적은 편이라 부드러운 맛의 커피를 만드는 상황에 적합한 것으로 판단된다. 전반적인 커피의 향미를 잘 살리고 바디감이 좋다는 장점이 두드러진다. 하리오는 맛에 큰 문제는 없지만 바디감이 너무 떨어져 커피 특유의 잔미와 잔향이 적고 가벼운 느낌이 들었다.

구분	신맛	단맛	쓴맛	바디	향	짠맛
칼리타	중	중	중	상	중상	중
고노	상	중상	중하	중	상	중상
하리오	중	중	하	하	중	하
융	상	중상	중하	상	상	중상

2. 배전도, 분쇄도, 숙성 기간, 방울 속도, 드리퍼 종류별 신 점드립 커피 맛의 상관관계

드리퍼에 따른 맛의 차이를 분석하면서 다른 상황에서의 커피 추출 원리를 연결할 수 있었다. 하리오 드리퍼를 통한 점드립 추출 커피의 경우, 낮은 배전도, 굵은 분쇄도, 숙성이 짧게 된 원두, 빠른 방울 드립 시의 커피맛과 유사하였고, 고노 드리퍼를 통한 점드립 추출 커피는, 시티 배전도, 적정 수준의 분쇄도, 적절 기간의 숙성 원두, 중간 빠르기 방울 드립 시의 커피맛과 같았다. 칼리타 드리퍼는 풀시티, 고운 분쇄도, 숙성이 길게 이루어진 원두, 느린 방울 드립 시의 커피 맛이 표현되었다.

하리오	〈————〉	고노	〈————〉	칼리타
하이	〈————〉	시티	〈————〉	풀시티
굵은 분쇄도	〈————〉	적정 분쇄도	〈————〉	고운 분쇄도
짧은 숙성	〈————〉	숙성	〈————〉	많은 숙성
빠른 방울	〈————〉	중간 방울	〈————〉	느린 방울

3. 드리퍼별 신 점드립 방법의 차이

드리퍼별로 드립 방법에 차이를 두어야 하는가에 대한 질문의 답은 'Yes'이다. 그 이유는 드리퍼마다 물 빠짐의 차이가 확연하게 다르기 때문이다. 칼리타의 경우는 물 빠짐의 속도가 다소 느린 편이나, 고노와 하리오의 경우는 그 속도가 비교적 빠르다. 따라서 뜸을 들이는 시간과

1차 추출-2차 추출 사이의 대기 시간을 각각 20초로 줄여주는 것이 좋다. 드리퍼가 고노인데도 칼리타에서 드립을 실시하듯이 30초 대기를 하게 되면, 고노 드리퍼 내에 부은 물이 너무 빠르게 빠져나가 커피 입자의 다공질 벽면을 감싸고 있던 이산화탄소가 서서히 사라져 버린다. 이는 곧 더 쉽게 다공질 벽면이 무너져내려 섬유소 성분이 과다 추출될 가능성이 커진다는 것을 의미한다.

17 강배전 원두와 약배전 원두의 신 점드립

신 점드립은 원두 내 섬유 다공질 파괴를 최소화하며 커피 에센스를 추출할 수 있는 최적의 드립법이다. 따라서 커피 에센스를 가장 추출하기 좋으면서 섬유 다공질의 벽이 연하여 무너지기 쉬운 중배전 원두가 커피 고유의 맛을 표현하는데 가장 적합하다 하겠다.

"섬유질이 무너지기 쉬운데 왜 최적이냐?"라고 되묻는다면, 신 점드립은 그 연한 다공질도 거의 무너뜨리지 않는 드립을 하다가도 커피 맛과 향의 풍미를 위해 일부러 다공질 벽을 무너뜨리는 막판 스트레이트 드립을 잠시 실시하기 때문이다. 그때에는 짧은 시간 내에 확실하게 섬유소 성분이 나와 주어야 하므로 중배전 원두가 제격인 것이다.

그에 반해 물줄기 드립으로는 섬유소 성분이 과다 추출되어 버리므로 물줄기 드립에서는 중배전 원두의 사용을 꺼리는 편이다.

그렇다면 강배전과 약배전 원두는 어떨까? 원두 상태에 따라 드립 방법 역시 달라진다.

1. 강배전 원두

1) 점드립에서의 사용법

(1) 뜸들이기

다공질 내에 가스가 많지 않으므로 뜸이 잘 들지 않는다. 또한, 일반적인 스트레이트 드립으로 뜸을 들이면 흡습성의 부족으로 원두의 물 빠짐이 워낙 좋아 나선형 점드립으로 빠른 스윙을 실시하여 뜸 들이는 물이 서서히 확산되도록 조절한다. 이를 통해 흡습성을 보완한다. 나선형 점드립은 안에서 밖으로 4바퀴, 밖에서 안으로 4바퀴 실시하되 최대한 빠르게 진행한다. (약 20초 내)

(2) 드립하기

강배전 원두가 물 빠짐이 좋다고 표현했기에 연한 맛이 추출되지 않을까 생각될 수 있지만, 사실 강배전 원두는 로스팅 시 탄화되어버린 부스러기가 많이 존재한다. 즉 검은 미분이 보이지 않게 많이 있다는 뜻이다. 이 미분은 드립을 진행하는 시간이 지나갈수록 점차 드리퍼 아래쪽으로 흘러내려 오게 되고, 이것은 결국 막판의 물 빠짐을 방해하는 미분 덩어리로 변하게 된다. 이처럼 물 빠짐이 방해받게 되면 자연스럽게 물은 고이고 맛은 너무 진하게 표현된다. 따라서 미분의 흐름을 최소화시켜 미분 덩어리의 형성을 막고 횡의 맛 과다 추출을 자제하기 위해서는 한 단계씩 부드럽게 드립한다는 생각으로 드립을 진행해야 한다. 똑같이 1차 드립, 2차 드립을 실시하되 보통 때 실시하는 부드러운 맛 드립이 강배전 드립의 실제에서는 중간 맛이 되고, 중간 맛 드립이 실제로는 진한 맛이 되는 것이다. 그리고 일반적인 진한 맛 드립법을 실시하게 되면, 양념이 되는 섬유소와 카페인의 추출이 너무 많게 되어 자칫 너무 강렬한 맛이 표현되어 일반적인 스트레이트 드립과 비슷해진다는 것을 기억해야 한다. 보완책으로 분쇄 굵기를 늘려주기도 한다.

2. 약배전 원두

1) 스트레이트 드립에서 더 쓰이는 이유

약배전 원두는 탄화가 가장 적게 일어난 원두이다. 따라서 다공질이 덜 형성되어 흡습성이 부족하고 내재된 가스양도 적은 편이다. 그에 따라 뜸도 잘 들지 않는다. 로스팅이 덜 진행되었기에 살아있는 섬유소 맛이 나올 수밖에 없다. 그래서 풀 냄새가 난다. 로스팅 기술로 어느 정도 그 냄새를 없앨 수는 있지만 약간은 남기 마련이다. 이처럼 다공질이 질기므로 스트레이트 드립을 하더라도 중배전 원두에 비해 섬유소가 비교적 적게 추출된다. 그래서 좀 더 연한 느낌의 풍미가 표현되어 상당수의 스트레이트 핸드드립 숍에서 약배전 원두를 사용한다.

2) 점드립에서의 사용법

(1) 뜸들이기

뜸들이는 방법은 중배전 원두에 일반적으로 실시하는 스트레이트 드립 3~5바퀴이다.

덜 발달된 다공질 구조로 인해 흡습성이 부족하기에 주입하는 물의 양을 줄여준다.

(2) **드립하기**

결론부터 말하자면, '한 단계 더 진하게' 내리려고 하면 된다. 다공질이 단단하고 질겨 섬유소의 추출이 쉽지 않다는 것을 기억해야 한다. 그래서 실제로 1차 드립 때에는 섬유소보다는 순수 에센스가 주로 추출된다. 점드립 기술 자체의 변화를 줄 필요는 없다. 똑같이 1차 드립, 2차 드립을 실시하되 보통 때 실시하는 중간 맛 드립이 부드러운 맛이 되고, 진한 맛 드립이 중간 맛이 되는 것이다. 그리고 진한 맛보다 더 진하게 내리기 위해 막판 스트레이트를 4바퀴 정도로 돌려주면 실제로는 그냥 진한 맛이 표현된다. 그리고 일반적인 부드러운 맛 드립법을 실시하게 되면, 양념이 되는 섬유소와 카페인의 추출이 너무 적게 되어 자칫 너무 단순한 맛이 표현되어 버릴 수 있다는 점을 유념해야 한다. 이 때문에 분쇄 굵기를 줄여주기도 한다.

18 FAQ (Frequently Asked Questions) : 자주 묻는 질문

Q&A

1. 왜 추출 시간이 2분 30초인가요?

점드립으로 스윙을 한다 하더라도 너무 오랜 시간 드립을 하게 되면 다공질 벽과 가스층이 형성하는 막이 가지는 지지력이 점차 감소하여, 결국 횡의 맛이 의도치 않게 더 추출되는 현상이 발생할 수 있다. 적은 양의 물이라도 오랜 시간 젖어 있게 되면 섬유소가 연해져서 우러나오기 때문이다. 일정한 방울로 드립을 한다고 가정하였을 때 2분 30초라는 시점을 섬유소가 보다 더 빠르게 우러나오기 시작하는 전환점으로 본다. 이때부터는 의도하건 의도치 않건 섬유소가 흘러나오는 시기라는 것이다. (맛 감별 실험에서 도출) 그리고 0초~2분 30초 이내의 시간에는 느린 방울, 중간 방울, 빠른 방울을 사용하여 에센스의 양을 조절하는 것이다. 그리고 중간 방울과 빠른 방울의 경우는 중간 맛과 진한 맛을 표현하는 것이라고 이미 언급하였듯이, 물의 양이 증가하는 만큼 횡의 맛도 2분 30초라는 시간 안에서 증가할 수 있다. 그러나 이때의 횡의 맛을 최소화하기 위해서는 드립포트 주둥이의 높이를 최대한 낮게 함과 동시에 방울 속도를 일정하게 유지하고 더 촘촘하면서도 물길이 겹치지 않도록 드립하는 세심한 노력이 필요하다. 그렇지 않으면 보통 섬유소의 과추출이 일어나게 된다.

Q&A

2. 드립을 하다 보면 의도치 않게 커피가 물줄기에 무너져 내려 푹 꺼지는 현상이 나타나는데 이건 왜 그런 건가요?

드립이 종종 점으로 이루어지지 못하고 물줄기(스트레이트)로 전환되어 버리거나 스윙하는 경로가 겹쳐서 물 고임 현상이 많아지면 섬유질 벽이 무너져 내리면서 횡의 맛이 추출되는 모습이 표면적으로 나타나는 것이다. 드립이 점점 섬세해질수록 그 맛의 차이가 분명해진다. 제대로 신점드립을 행하였을 때 2차 추출 막판까지도 가루가 무너지지 않고 평평하게 유지된다. 그러나 막판에 물줄기(스트레이트)로 한 바퀴만 돌려도 그 부분만 쏙 들어가며 무너진다. 그게 바로 섬유소 추출이다. 물줄기(스트레이트) 회전수를 늘릴수록 그 구멍은 더 커지고 섬유소 맛이 진해진다.

Q&A

3. 2인분 드립할 때 마지막 물줄기(스트레이트)로 만든 거품이 화끈하게 부풀어 오르지 않고 너무 크리미(creamy)한 느낌도 듭니다. 왜 그럴까요?

예전에 2인분을 내릴 때마다 왠지 모르게 막판 물줄기(스트레이트)로 가스층을 터뜨릴 때의 거품이 너무 크리미(creamy)한 느낌이 들었다. 뭔가 거품이 자연스럽게 올라오지 않는 느낌이었다. 1인분을 내릴 때에는 몰랐는데, 2인분 할 때마다 기분이 좋지 않았다. 그리고 뭔지 모르게 좀 물이 고이는 느낌도 있었다. 그런데 수차례의 실험 끝에 원두의 분쇄도를 약간 크게 했더니 괜찮아지는 것을 알아냈다. 물 빠지는 것은 당연히 좋아졌다. 2인분을 진행하는 경우에 분쇄 원두 입자가 너무 작을 경우, 아래와 같은 과정으로 인해 문제가 생길 수 있다.

(1) 1인분에 비해 드리퍼 안 원두가 머금고 뱉지 않는 물의 양이 많다.
(2) 더불어 원두 진분이 뭉쳐서 드리퍼 아래를 막을 가능성도 크다.
(3) 따라서 물이 더 고이게 되는데, 작은 원두이기에 물과 반응하는 가스양도 적어서 1차 추출과 2차 추출 중반까지 점드립으로 떨어뜨려 주는 물량만으로도 그 가스를 계면활성화에 대부분 사용해 버리게 된다.
(4) 그래서 막판 물줄기(스트레이트) 드립을 실시한다 하더라도 강렬한 계면활성화 반응이 나타나지 않고 서서히 작은 거품이 형성되어 에스프레소의 크레마 같은 모양새로 부풀어 오르는 것이다.

이런 논리이다. 1인분을 할 경우에는 드리퍼에 머금게 되는 물의 양도 적고 뭉치게 되는 진분도 적어서 분쇄도가 좀 작다 하더라도 가스층을 터뜨리는 것이 어느 정도 더 쉬우나, 2인분의 경우에는 한계점이 있다.

Q&A

**4. 드립을 하는데 자꾸 물이 넘쳐흘러 나와 테이블이 다 젖네요.
물이 많은 건가요? 아니면 원래 이런 건가요?**

좋은 현상은 아니다. 이 경우는 결과적으로는 물방울의 형성에도 영향을 주기 때문에 커피 맛도 변하게 된다. 꼭 수정하는 것이 좋다. 물이 넘치는 경우는 아래의 4가지 원인 중 하나 때문이다.

첫째, 호소구치 포트 안에 물을 너무 많이 담은 경우이다. 약 550ml보다 많은 양의 물을 사용하면 조금의 실수에도 물이 넘치는 경우가 많다.

둘째, 반대의 상황인데, 너무 적은 양의 물을 담은 경우이다. 이렇게 되면 드립할 때 자신도 모르게 포트를 너무 눕히게 되는데, 물 조절 하다 말고 물이 울컥 나오는 경우가 있다. 드립하는 물방울이 순간 확 쏟아져 버리는 일도 생긴다.

셋째, 포트를 잡는 손목의 잘못된 모양 때문이다. 보통 엄지와 검지의 비트는 힘의 조절을 통해 신 점드립 물줄기 빠르기를 조정한다고 배웠다. 그것에 대한 압박감 때문에 너무 힘을 주어서, 포트가 점차 옆으로 과도하게 눕는 모양으로 변한다. 이는 드립을 진행할수록 물의 양이 적어지면서 더 심화되는데, 이를 수정할 수 있는 방법은 다음과 같다. 손목을 손등 방향으로 꺾어주는 느낌으로 그립을 고정시킨 후 드립을 시작해야 한다. 그렇게 하면 호소구치 포트 손잡이를 잡은 오른손 엄지손가락이 오른팔과 일직선이 되는 모습을 확인할 수 있을 것이다. 이 자세가 기본이다.

넷째, 포트를 잡는 손가락의 잘못된 모양 때문이다. 엄지와 검지로 집는 모양의 그립을 다들 연습은 하시지만, 약간의 잘못된 자세가 포트를 점차 눕는 모양으로 만들게 된다. 엄지는 마디가 보통 1개이다. 그 마디 부분이 손잡이의 갈라진 부분 중 위쪽 줄기에 닿으면 되고, 그 부분으로 밀면 된다. 문제는 검지이다. 검지는 엄지의 미는 힘을 지탱해주는 역할을 해야 한다. 다른 역할은 없다. 다만, 그 지탱을 매우 잘 해주어야 한다. 그러기 위해서는 검지손가락 끝이 포트에 최대한 붙어있어야 한다. 뜨겁겠다구요? 뜨겁지 않다. 왜냐하면, 손잡이의 마감 처리가 반원 모양이 아니라 끊어진 D모양이다. 반원에서 꺾여서 수직으로 약깐 더 연장을 해주었기에 검지를 그 커브 부분에 꼬옥 끼워 넣고 지탱을 할 수 있다. 그리고 하나 더 중요한 것은, 검지로 지탱을 하되 펴면 안 된다. 검지를 펴면 포트가 더 쉽게 눕혀지기 때문이다. 눕히는 게 좋은 게 아니라고 말씀드리면, 확 세워 버리겠다고 말씀하시는 분도 있는데, 그러면 곤란하다. 포트가 직립에 가까워지면 물이 낙하하는 높이가 너무 높아져서 드리퍼 원두 내에 물길이 생겨 버린다. 그리고 포트 수구를 타고 물이 흐르기 때문에 방울을 떨어뜨리는 궤적을 제대로 확보하기가 어렵다. 그러면 당연히 맛 표현이 제대로 이루어지지 않는다.

5. 칼리타 호소구치 포트를 꼭 써야 할까요? 그냥 저렴한 포트를 사서 튜닝하는 건 문제없을까요?

튜닝을 한 경우는 대부분 수구의 모양을 펜치로 변형시켜 방울이 형성되기 좋게 만든 경우이다. 이 경우의 단점은 명백하다.

첫째, 방울 빠르기를 조절하는 능력을 신장시키기 어렵다. 손가락의 힘 조절을 통해 조절하는 방울의 빠르기는 순전히 손에 의해서만 있어야 하는데, 이것이 기구의 힘을 빌리게 되어 실력 향상이 어렵다.

둘째, 방울의 크기가 너무 작다. 방울의 굵기라고 해야 할까? 너무 얇은 방울이 떨어지면 물이 너무 쉽게 드리퍼를 통과하는 경향이 있다. 이는 2인분(30g) 드립의 경우에는 물 빠짐을 좋게 하는 장점이 있을 수 있으나, 1인분(20g) 드립의 경우에는 맛이 단순해지기 쉽다.

셋째, 느린 방울 드립에만 적합하다. 중간 빠르기와 빠른 방울을 형성하는 드립 실력은 키워내기 어려운 포트이다. 느린 빠르기 방울만으로는 표현할 수 있는 커피 맛의 범위가 너무 좁아진다.

넷째, 물이 떨어지는 궤적을 일정하고 명확하게 가지기 힘이 든다. 튜닝실력이 매우 좋다면 모를까, 대부분 포트의 주둥이 줄기를 따라 물이 많이 흐르거나, 물방울이 대롱대롱 매달려서 흔들리며 떨어지는 경우가 많다. 경로가 겹치기 쉬운데, 이러면 쓴 커피가 만들어진다.

어떤 포트를 사용하건 상관은 없지만 목적에 따라 용량, 중량, 크기, 기능 등을 고려하여 선택해야 한다.

6. 잔에 따라 마셨을 때에는 풀 냄새가 없었는데, 종이컵에 따르니 그 냄새가 심해지네요. 왜 이렇죠?

풀 냄새는 아무래도 로스팅의 문제가 크지만, 바리스타로서의 문제 해결법은 2가지가 있다.

첫째는 종이컵도 데워야 한다는 것이다. 뜨거운 커피가 차가운 종이

컵에 닿으면서 향미가 급격히 변화하는 경우가 많다. 종이컵도 커피잔과 마찬가지로 데워서 사용하면 좋다.

둘째, 종이컵은 나무 재질에 화학약품이 첨가되어 만들어진다. 그러한 약품이나 펄프의 맛과 향을 제거하기 위해서는 뜨거운 물을 채웠다가 버리면 된다.

셋째, 분쇄한 커피가루의 은피 가루를 입으로 불어 최대한 날려야 한다. 섬유소의 맛 중에서도 풀 냄새를 가장 강하게 가진 것이 이 은피 가루다. 이를 최대한 불어 내지 않으면 섬유소의 맛과 향이 두드러지게 된다.

3

신 점드립
Be a Pro

19 1인분과 2인분 신 점드립 비교

변수 \ 인분		1인분
추출 시간		2분 30초
사용 원두 중량		20g (2스쿱)
방울의 빠르기	부드러운 맛	느린 방울
	중간 맛	중간 방울
	진한 맛	빠른 방울
스윙 회전수	부드러운 맛	3바퀴 반
	중간 맛	4바퀴 반
	진한 맛	5바퀴 이상
에센스 추출량	부드러운 맛	50ml 이하
	중간 맛	50~70ml
	진한 맛	70ml 이상
희석 후 커피 전체량		200ml

변수 \ 인분		2인분
추출 시간		2분 30초
사용 원두 중량		30g (3스쿱) : 50% 증가
방울의 빠르기	부드러운 맛	중간 방울
	중간 맛	빠른 방울
	진한 맛	빠른 방울
스윙 회전수	부드러운 맛	5바퀴
	중간 맛	6바퀴
	진한 맛	6바퀴 이상
에센스 추출량	부드러운 맛	70ml 이하
	중간 맛	70~100ml
	진한 맛	100ml 이상
희석 후 커피 전체량		350ml

2인분 진한 맛의 난이도는 최상위이다. 1차 스윙에서 최대한 많은 회전이 필요하고 동심원 간격이 일정하게 유지되어야 한다. 2차도 마찬가지로 실시하되, 완벽하게 실시해야 한다. 그래야 에센스가 단시간 내에 최대한 많이 추출되고, 그에 따라 섬유소도 더 일찍 물줄기(스트레이트)로 뽑아낼 수 있다. 실수는 용납되지 않는다.

20 3인분 점드립 방법과 그 특징

1. 드립 방법

(1) 시간 : 2분 30초

(2) 원두량 : 40g

(3) 분쇄도 : 1인분 원두의 분쇄도보다 20% 내외로 굵게 갈아준다.

(4) 사용 드리퍼 : 고노

(5) 드립의 개요 : 뜸 - 1차 스윙 - 1차 대기 - 2차 스윙 - 2차 대기 - 3차 추출 - 3차 대기

① 뜸(20초) : 중앙에 집중하여 전체 면적의 절반 정도에만 4~5바퀴 적신다.

② 1차 스윙(15초) : 나선형으로 중앙-가장자리 왕복 각각 3회전 실시한다. 분쇄 원두 상단 반지름의 절반을 넘기지 않게 적신다.

③ 1차 대기(10초)

④ 2차 스윙(20초) : 나선형으로 중앙에서 가장자리로 4회전, 가장자리에서 중앙으로 5회전 실시한다. 가장자리 1~2cm 정도는 남기고 적신다는 느낌으로 실시한다.

⑤ 2차 대기(15초)

⑥ 3차 스윙(40초) : 나선형으로 중앙에서 가장자리로 5회전, 가장자리에서 중앙으로 6회전 이상 실시한다. 최대한 촘촘히 적신다. 스트레이트 드립은 중앙에 구멍을 뚫어준다는 느낌으로 집중해서 부어준다.

⑦ 3차 대기(30초)

2. 맛의 특징

부드러운 맛이 표현된다.

21 4인분 점드립(2+2)의 방법과 그 특징

1. 드립 방법

(1) 시간 : 3분

(2) 원두량 : 60g(30g+30g)

(3) 분쇄도 : 1인분 분쇄도와 동일(조금 굵게 해도 좋다.)

(4) 사용 드리퍼 : 기호에 맞게 자유 사용

(5) 드립의 개요 : 시차를 이용하여 동시 추출(2개 서버)

구분	시작	00:20 ~ 00:30	00:30 ~ 01:00	01:00 ~ 01:30	01:30 ~ 02:00	02:00 ~ 02:30	02:30 ~ 03:00	03:00
1번 서버	뜸	대기	1차 추출	대기	2차 추출	대기	원두 제거	대기
2번 서버	대기	뜸	대기	1차 추출	대기	2차 추출	대기	원두 제거

① 드립의 방법은 단순하다. 2개의 서버, 2개의 드리퍼를 사용하여 동시에 두 곳에서 드립을 실시하는 것이다. 다만 어려울 뿐이다.

② 뜸 : 2개의 서버를 각각 1번, 2번 서버라 칭하자. 먼저 1번 서버의 드리퍼에 물을 부어 뜸을 들이고 2분 30초로 맞춘 타이머를 작동시킨다. 20초 정도가 지난 후 2번 서버의 커피도 뜸을 들이기 위해

물을 주입한다.

③ 1차 추출 : 타이머의 시간이 30초가 지난 시점에서 1번 서버의 1차 추출을 30초간 진행시킨다. 곧장 이어서 2번 서버 커피의 1차 추출을 실시한다. 숙달되어 시간이 5초 내외로 남을 경우 드립 포트에 뜨거운 물을 보충하여 점드립을 더 용이하게 할 필요도 있다.

④ 2차 추출 : 1차 추출과 동일한 방법으로 실시한다. 1개 서버는 추출을 진행하고 다른 하나는 대기 상태인 것이다. 2번 서버의 추출이 모두 다 이루어지자마자 타이머는 0초를 가리키며 알람이 울릴 것이고, 즉시 1번 서버의 커피가루를 제거하면 된다. 그 후 30초 뒤에 남은 2번 서버의 커피가루를 제거한다.

⑤ 희석 및 음용 : 각각 2인분 커피이므로 물과 에센스 총량 350ml로 만들어 음용한다. 2개의 서버를 합쳐 700ml, 즉 4인분 커피가 1인분 커피 만드는 시간과 동일한 시간 안에 만들어지는 것이다.

2. 특징

(1) 시간 단축 · 절약 : 4인분 커피를 핸드드립으로 만든다? 대부분의 커피숍 운영자들이 두려워할 법한 주문 사항이지만, 이 방법을 숙달하면 더 이상의 두려움은 없다.

(2) 2가지 맛을 한 번에 내릴 수 있다.

이 방법은 2인분 커피, 3인분 커피 또는 4인분 커피를 2가지 맛으로 주문하는 고객을 상대하는 데에 있어서 매우 유용하다. 2+2인분 드립과 2인분(1+1), 3인분(1+2) 드립의 차이점은 단순하다. 바로 원두의 양과 드립 후 물 희석량밖에 없다. 2인분(1+1)의 경우는 각 드리퍼별로 20g씩의 원두를 담아 최종 희석량을 각 서버별로 200ml씩 설정해 주면 된다. 그리고 3인(1+2)의 경우는 한 드리퍼는 20g, 나머지 드리퍼는 30g의 원두 가루를 담고 최종 희석량을 전자는 200ml, 후자는 350ml로 만들면 되는 것이다.

22 ▸ 탄산 커피??

1. 신 점드립으로 만드는 탄산 커피

'웬 탄산 커피인가?'라고 생각할 것이다. 그러나 실제 아래에 소개하는 방법으로 신 점드립을 실시하면, 탄산의 알싸한 맛이 두드러지는 독특한 맛의 커피를 즐길 수 있다.

2. 드립 방법

(1) 원두 사용량 : 25g

(2) 원두 분쇄도 : 보통 분쇄도보다 40% 정도 굵게 처리한다. (일반적 분쇄도가 22일 경우 탄산 커피 분쇄도는 30~31)

(3) 뜸은 빠른 점드립 스윙으로 2회 실시한다.

(4) 스윙은 '중앙에서 바깥으로 평균 4바퀴, 바깥에서 중앙으로 평균 4바퀴'의 방식으로 왕복 4회 실시한다. 다만, 3인분 드립을 할 때와 같은 방식으로 차츰 방울을 떨어뜨리는 나선형 궤적의 원 크기를 키우고 스윙 횟수를 증가시킨다.

(5) 드립은 1번으로 끝나기 때문에 중간 대기 시간은 없다.

(6) 총량 170ml 추출한다.

(7) 희석은 없다.

3. 맛의 특징

(1) 알싸한 탄산의 맛이 느껴진다.

(2) 일반적인 신 점드립 커피 한 잔 보다는 훨씬 더 강렬한 맛이지만, 에센스 50ml만 추출해서 희석 없이 맛볼 때보다는 부드러운 맛이다.

(3) 쓴맛은 적은 편이다.

(4) 처음엔 그 알싸함이 쓴맛 또는 섬유소 맛이 아닐까 생각하게 되나 탄산의 맛이라는 것을 느낄 수 있다. 칼칼함이 예술이다.

(5) 혀 깊은 부분에 톡톡 튀는 느낌이 남아 있다.

4. 맛의 원리

(1) 빠른 점드립으로 계면활성화를 강렬하게 진행시켜 에센스를 더욱 잘 추출하도록 조절한다. 맛이 진하다.

(2) 굵기를 굵게 하여 섬유소 추출량이 적어지도록 조절한다. 즉 투과성을 좋게 한다.

(3) 굵은 분쇄 굵기와 긴 시간의 계면활성화로 병목 현상이 상쇄되고 더 많은 추출량을 뽑을 수 있게 된다.

(4) 로스팅 시 생기는 탄산가스가 드립을 진행하면서 물에 녹아들어 톡톡 튀는 듯한 칼칼한 맛을 유발한다.

5. 해당 드립의 단점

숙련된 사람만이 가능하다.

23 시간 단축 및 상황 적응 잔머리 Tip!

1. 부드러운 맛을 빨리내고 싶다?

중간 방울로 만들어 1차, 2차 추출할 때마다 10초씩 줄이고 마지막의 물 희석량을 살짝 늘려준다.

2. 진한 맛을 빨리내고 싶다?

진한 맛을 만들 때에는 스윙을 더 가져가기 십상이다. 따라서 드립 시간 자체가 늘어나기 쉬운데, 중간 방울로 만들어 시간을 지켜주고 마지막의 물 희석량을 살짝 줄여준다.

3. 숙성이 많이 진행된 경우

오래된 원두는 가스가 많이 빠져나가 뜸들이기 및 계면활성화가 잘 이루어지지 않는다. 이런 경우에는 천천히 적셔 주어야 서서히 부풀어 오르는데, 이를 위해서 빠른 점드립으로 뜸을 들이고, 추출을 할 때에는 느린 방울 드립을 사용하는 것이 좋다.

4. 숙성 기간이 짧은 경우

숙성이 잘되지 않았다는 것은 가스가 많다는 것을 의미한다. 따라서 모든 반응이 매우 급격하게 일어나므로 느린 드립으로 부드러운 맛을 표현하는 것이 좋다.

5. 약배전, 강배전인 경우

약배전 원두는 다공질 벽면이 질기고 에센스 추출이 어렵다. 따라서 한 단계 더 진하게 추출한다고 생각해야 한다. 예를 들어, 평상시 진한 맛 추출 방법을 약배전 원두에 사용하면 실제 맛 표현은 중간 맛이 된다. 강배전 원두는 반대이다. 이런 종류의 원두는 다공질 벽면이 역시나 단단하지만 로스팅 과정에서 다공질이 많이 탄화되어 초반 물 빠짐이 매우 좋다. 그러나 여기에는 함정이 있다. 강배전 원두일수록 탄화된 미세 진분이 많다. 이는 드립을 진행할수록 드리퍼 내부 하단에 뭉치게 된다. 이런 현상이 물 빠짐을 방해하여 너무 진한 맛이 표현되는 경우가 많다. 따라서 최대한 느린 물방울로 부드럽게 내리려고 해야 한다. 중간 맛을 표현하려면 느린 방울로 내리고, 진한 맛을 표현하려면 중간 방울로 내려야하는 것이다. 빠른 방울은 쓰지 않는 것이 좋다. 너무 진하고 쓴맛이 표현될 가능성이 크다. 또한, 총 추출 시간을 5~15초 가까이 줄여주는 것도 좋다. 주문이 밀렸을 때와 같은 변수의 상황에 처했을 때 혹시나 시간이 초과하게 되면 섬유소 맛이 표출될 수 있기 때문이다.

24 ▸ 2인분 아이스커피, 신 점드립으로 내리기

"아이스커피는 1회에 1잔밖에 못 만들어서 부담이 큽니다."

맞는 말이다. 지금껏 필자는 뜨거운 신 점드립 커피의 경우 1인분은 물론이고 3인분까지 한 번에 내릴 수 있는 방법에 대해 언급하였다. 그러나 아이스 커피는 그 드립 난이도가 매우 높기에 2인분에 대한 언급이 없었다. 그러나 생각보다 방법은 간단하다. 다만, 숙련에 어려움이 있을 뿐이다.

1. 필요한 재료, 도구 활동

1) 원두 분쇄도와 양

뜨거운 신 점드립 커피 3인분 내릴 때와 분쇄도는 비슷하나 그 양이 다르다. 평소 1인분 추출할 때보다 40% 정도 굵게 분쇄하고, 그 양은 45g으로 한다.

2) 은피 제거

원두 가루의 깊이가 매우 깊기 때문에 자칫 드리퍼 아래에 진분이 뭉쳐 추출을 방해할 수 있다. 따라서 은피와 진분의 제거에 특별히 신경을 더 쓰도록 한다. 20g과 25g을 따로 갈아서 따로 불어 날려주는 것도 하나의 방법이다.

3) 드리퍼

고노 드리퍼의 사용을 권장한다. 물 빠짐이 좋으면서 에센스의 맛을 가장 잘 살려준다.

4) 칼리타 800ml 서버

1인분의 아이스 커피에는 얼음 포함 총량 400ml가 필요하다. 따라서 2인분 드립에는 2배인 800ml는 담을 수 있는 대용량 서버가 필요하다.

2. 추출 방법

(1) 진분과 은피를 잘 날려 없앤 45g의 원두를 고노 드리퍼 안의 필터에 담는다.
(2) 칼리타 800 서버에 얼음을 가득 채운다.
(3) 물을 끓여 절반 정도 채운 칼리타 호소구치 0.7포트로 드립을 시작한다.
(4) 드립 방법은 신 점드립의 뜨거운 커피 3인분을 추출하는 방법과 동일하다.

(5) 방울을 나선형으로 안과 바깥 방향으로 왕복 스윙하여 1차에는 6회전, 2차에는 9회전, 3차에는 11~15회전 시켜준다.

(6) 2분 30초의 시간이 모두 경과하면 즉시 드리퍼를 제거한다.

(7) 얼음을 담은 물을 드리퍼에 부어 총량 800ml로 희석시켜 완성한다.

Part II
Real Basic

COFFEE

01 분쇄한 원두의 진분 및 은피 제거

1. 은피와 진분이란?

드립과 로스팅, 이 두 가지만이 맛을 좌우하면 참 좋겠지만, 사소한 정성이 커피 맛을 배가 시킬 수 있다면 당신은 그 정성을 기울여 볼 생각이 없겠는가? 아래의 노력을 잠깐만 감수하자.

우선 은피에 대해 생각해 보자. 생두의 겉면을 싸고 있던 얇은 막으로 볶는 과정에서 벗겨지고 제거되어야 하지만 원두와 섞여서 들어오는 경우가 있다. 이는 섬유소의 맛을 증가시켜 풀 맛, 아린맛, 떫은맛 등을 증가시킨다. 또한, 원두의 납작한 면에 가운데를 가로지르듯 줄이 그어져 있는 모양의 센터 컷 내부에 상당량이 존재하여 분쇄 시 가루와 섞이게 되는데, 이 역시 맛에 영향을 준다고 볼 수 있다.

그리고 진분도 고려할 사항이다. 다른 말로 '티끌' 이라고 한다. 원두를 분쇄하여 균일한 크기의 가루를 만들어낼 수 있다면 좋겠지만, 분쇄라고 하는 것은 결국 깨뜨리는 것이기에 미세한 가루가 소량 나오는 것은 막을 수 없다. 이러한 진분은 일반적인 크기의 가루와 같은 양이라고 가정하면 물과 반응하는 표면적이 상대적으로 더 넓기 때문에 더 많은 성분이 우러 나오게 된다. 따라서 횡의 맛이 초과 추출되어 쓴 커피 또는 진한 커피가 되어버릴 가능성이 커진다.

2. 제거 방법

아무리 좋은 그라인더로 원두를 분쇄해도 이러한 물질들이 원두에 섞여 나올 수밖에 없으므로 우리는 최대한 이를 불어 날리는 수고를 아끼지 않아야 한다.

방법은 단순하다. 계량컵 또는 비슷한 용기에 원두를 담고 손으로 툭툭 쳐 준다. 그러면 원두 가루 위로 제거할 은피와 진분이 올라온다. 이를 가는 입김으로 불어 날려준다. 그리고 이들을 더 확실하게 제거하기 위해서 원두 가루를 튕겨주며 입김을 불어 날려주면 좋다. 프라이팬에 음식 재료를 담고 멋지게 흔들며 볶아주는 셰프의 동영상을 본 적 있을 것이다. 그것과 비슷한 손놀림을 연습하면 된다. 특히 강배전 커피의 경우, 센터컷도 타 버려 보이지 않는 경우가 많다. 그러나 실제로는 그 맛은 존재하기 때문에 더더욱 심혈을 기울여 진분을 제거해야 한다. 이렇게 하여 진분과 은피, 센터컷 잔해를 최대한 제거하면 커피 맛이 매우 부드러워 진다.

〈진분 제거 전〉

〈진분 제거 후〉

3. 주의 사항

필자 역시 처음에 저질렀던 실수를 한 가지 공개한다.

진분의 부정적 역할에 집중한 필자는 가능하면 진분을 완벽하게 없애는 것을 시도하였다. 이를 위해 지인에게 진분과 은피를 동시에 완전히 없애는 기계를 개발할 수 있겠느냐며 제작을 요청했고, 그는 일정 시일 후 실제로 그 기계를 만들어냈다. 해당 기계를 사용하여 '깔끔하게' 걸러진 원두 가루를 얻어낼 수 있었고, 그 가루로 맛 좋은 커피가 추출되길 기대하며 신 점드립을 실시했다.

그러나 결과는 실망스러웠다. 깔끔한 맛이었다. 아니, 깔끔하다기보다는 밍밍한 맛이었다. 왜 이런 일이 발생하였는지를 생각해 보았다. 화분에 들어가는 흙을 생각해 보니 답이 나왔다. 화분에 들어가는 흙이 자갈로만 이루어져 있다면, 그 안에 물이 제대로 스며들어 갈까? 아니다. 자갈 사이사이에 뚫린 공간으로 그냥 물이 지나쳐갈 뿐이다. 그러나 가는 흙이 적당량 존재한다면 화분 내부 전체에 물이 빠르게 골고루 스며들도록 도움을 준다. 즉 확산을 돕는 것이다. 진분이 그러한 역할을 하고 있었다. 적당한 양의 진분은 필요한 것이다. 그러나 진분이 과하게 있으면 화분에 흙만 있는 것과 마찬가지로 물이 너무 고이게 될 것이다.

따라서 결론은 '은피와 진분을 제거하는 데에 있어서는 은피 제거에 초점을 두고, 진분 제거에 너무 집착할 필요는 없다.'라는 것이다.

02 커피가 잔에 담길 때

1. 커피를 여러 잔으로 나누어 담을 때

커피 액은 분명 물이 섞인 혼합 물질이다. 화합물이 아니다. 따라서 드립서버에 가득 담긴 커피 안에 커피 에센스가 균일하게 존재할 것이라는 보장은 없다. 그러므로 2인분의 커피를 내린 후 2개의 잔에 나누어 담을 때에는 그 커피 에센스를 '균등하게' 나누어 주어야 한다.

방법은 단순하다. 두 잔의 커피를 번갈아가며 짧게 끊어서 여러 차례 부어주는 것이다. 1번 잔에 1/3만 붓고, 2번 잔에 또 1/3만 붓고, 다시 1번 잔에 2/3까지 채우고, 또 다시 2번 잔에 2/3를 채우고, 마지막으로 1번 잔과 2번 잔에 남은 커피를 담는다. 이렇게 하여 2개의 커피잔에 담기는 커피가 같은 맛과 향을 소유하도록 도와준다.

2. 커피잔의 모양

커피잔은 커피의 맛을 극대화시키는 도구 중 하나이다. 마시는 이의 시각, 후각, 미각, 촉각에 긍정적인 영향을 주도록 커피잔 선정에도 신중해야 한다.

1) 시각

커피색도 한 가지만 있지는 않다. 분명한 것은 잔에 담겼을 때 빛을 더 발한다는 것이다. 커피잔의 좋은 디자인을 감상하는 것도 또 다른 즐거움이다. 따라서 커피색을 해치지 않는 색감의 커피잔을 선택하는 것도 마시는 이를 위하는 일이다.

2) 후각

향을 가둬둘 수 있는 디자인이면 좋다. 모든 음료는 뜨거울수록 그 향이 강렬하다. 식으면 식을수록 향의 강도는 약해지기 마련이다. 따라서 보온에 적합한 디자인의 잔을 선택하는 것이 매우 중요하다. 또한, 향은 휘발성이 강하므로 증발되는 면적이 커질수록 향을 잡아두기 어렵다. 그래서 커피잔이 횡으로 넓게 퍼진 모양의 것보다는 약간 좁은 입구의 잔이 향을 오래 느끼기에 좋다.

3) 미각

맛을 위한 잔의 선택은 향의 보존을 위한 방법이기도 하다. 온도 저하로 인한 향미의 감소를 억제하고 더불어 풍미를 살리기 때문이다.

4) 촉각

적당한 크기의 잔이 필요하다. 잔이 커 무거우면 편안히 커피 맛에 집중하기 힘든 것은 당연하다. 또한, 커피잔이 커피의 양에 비해 너무 크게 되면 커피 온도를 잔에 더 많이 빼앗기게 된다. 온도가 떨어지면 향미가 변하므로 부정적인 영향을 준다고 볼 수 있다. 그리고 필자의 주관적인 생각으로는 커피 1인분을 따랐을 때 컵이 너무 크면 채우다 만 것 같은 느낌이 들어 허전하다. 입술에 닿을 때의 부드럽고 매끄러운 촉감도 중요하다. 잔의 거친 느낌은 커피 맛과 동일시되어 마시는 이의 인상에 남게 된다. 잔의 매끄러움은 커피 맛에만 집중할 수 있도록 만드는 일종의 통제변인이라고 본다.

3. 따뜻한 커피? 뜨거운 커피!

보통 녹차를 마실 때 가장 맛있는 온도가 70~80도 정도라고 한다. 그 외에 다른 차들은 각각 적절한 물 온도가 정해져 있다. 대부분 뜨겁다기보다는 따뜻한 온도다. 전차, 호지차, 말차, 우롱차, 녹차, 보이차 등과 같은 일반적인 차는 물의 경도, 온도에 따라 우러나오는 성분과 맛이 달라진다. 그 맛을 조절하기에 적절하도록 그 온도를 정한 것이다.

커피도 마찬가지일까? 대답은 "No"이다. 일부 커피 애호가들은 가장 마시기 좋은 커피 온도는 60도 또는 70도 정도라고 말하지만, 실제 커피를 그 정도 온도까지 식히게 되면 뜨거웠을 때의 향미를 놓쳐 버리게 된다. 커피의 향미는 뜨거울 때와 따뜻할 때, 그리고 미지근할 때와 차가울 때 모두 다르다. 그중 어떤 향미도 버리기에는 너무 아깝다. "나는 그냥 따뜻하게 해서 빨리 즐기고 싶다."라고 말한다면 차(茶)를 음용하는 이의 기본적인 마음을 상기해 주고 싶다. 천천히 음미하자.

03 생두와 원두의 보관 방법

1. 생두의 보관

1) 세척

생두는 수분 함량이 13%를 넘어설 경우 미생물 번식이 활성화되어 자칫 콩이 상하기 쉬워진다. 한 가지 간편한 방법은 생두 1kg을 로스터기에 넣고 3분여 동안 공회전시키는 것이다. 그리하여 자연스럽게 배출구를 통해 이물질들을 배출시킨 생두에서 결점두를 고른 후 보관한다.

2) 보관 용기

생두를 보관할 때에는 습기와 고온을 피해야한다. 일반 가정에서는 황토 옹기에 생두를 넣어 통풍이 잘되는 서늘한 장소에 보관하는 것이 좋다. 이때 사용하는 옹기는 내부나 외부 중에 한쪽 면에만 유약이 발라진 것을 선택해야 한다. 둘 다 유약을 칠한 옹기를 사용하면 옹기의 숨구멍이 완전 막히게 되어 일반 밀봉 용기를 사용하는 것과 다를 바가 없어진다. 일반 로스터리 하우스의 경우는 저장 드럼통이나 자루 그대로를 사용하는 경우가 많다. 이 경우 역시 나쁘지 않은 방법이다. 다만, 생두 드럼통을 개봉하여 놓는 것은 좋지 않다. 이것은 생두 표면을 메마르게 하여 로스팅할 때 겉 부분의 탄화를 촉진한다. 따라서 뚜껑을 덮어 놓는 식으로 보관하는 것이 좋다.

3) 보관 기간

처음에 구매한 생두 자루에 수확 일이 쓰여 있으므로 그 날짜로부터 2년이 지나면 사용을 자제한다. 그러나 보관 기간은 사실상 의미가 없다. 최대한 적게 사서 빨리 소모하는 것, 그리고 다양한 종류의 생두를 산 경우에는 로스팅의 순환 순서를 잘 정해서 일정하게 소비하는 것, 이것이 가장 중요하다.

2. 원두의 보관

1) 쿨링 방법

가장 좋은 방법은 모터 용량이 큰 쿨러를 사용하여 빠르게 식혀 주는 것이다. 차선책은 선풍기로 식히는 것이다. 바람은 차가울수록 좋다. 이는 원두의 조직을 더욱 단단하게 만들어 준다. 분무기로 몇 차례 물을 뿌려주는 방법도 가능하나, 이는 산화를 촉진시킬 가능성이 있으므로 조심해야 한다.

2) 일반 숙성 기간 중 유의할 점

(1) 보관 용기는 여러 개를 사용하라

1kg을 로스팅하였을 때 음용 시기를 고려하여 가스 빼기 과정을

거친 뒤 여러 개의 보관 용기를 사용하여 나눠서 보관하는 것이 좋다. 원두 밀폐 용기의 잦은 개폐는 잦은 공기 노출로 인한 빠른 산화의 원인이 된다.

예를 들어, 500g을 한꺼번에 넣은 경우(1)와 500g을 5개로 나누어서 넣은 경우(2)를 생각하였을 때, 1회당 20g씩 소비하는 사람의 경우, (1)번 경우의 원두는 25차례나 뚜껑을 열고 닫으며 공기와 접촉하게 된다. 그러나 (2)번 원두는 한 병당 5차례만 뚜껑을 열어도 된다.

(2) 보관 용기는 작은 것이 좋다

병의 빈 공간을 차지하는 공기량이 더 많다는 것은 콩과 맞닿아 산패를 진행시킬 여지가 더 크다는 것을 의미하므로 맛의 변화가 빨라질 수 있다. 큰 보관 용기는 원두가 소비되면 될수록 공간이 커진다. 그만큼 시간이 갈수록 산패 속도가 빨라진다. 작은 병에 담아 공기와의 접촉을 최소화시켜야 한다. 매장의 경우에는 판매용 원두와 매장 드립용 원두의 보관도 따로 하는 것이 좋다. 판매용 원두는 한 번에 100g 또는 200g 단위로 많이 소비된다. 그에 반해 매장 드립용 원두는 한 번에 20g 또는 30g씩만 소비된다. 따라서 그 보관 용기의 크기도 소모량에 비례해야 할 것이다.

(3) 이상적인 보관용기는 옹기이다

위에서 한 번 언급했던 바를 강조한다. 필자가 생각하는 가장 이상적인 보관법(용기 보관)은 옹기(숨쉬는 그릇) 보관이다. 고온의 가마에서 구워진 옹기의 벽면에는 미세 기공이 생기는데, 이 미세 기공은 공기는 통과시키지만 수분은 통과시키지 않는 기능이 있다. 그래서 공기의 순환작용으로 저장된 내용물을 신선하게 오랫동안 보관할 수 있게 도와준다. 그렇기에 로스팅한 원두를 옹기 안에 보관하면 숙성 과정을 거치면서 차츰 맛과 향이 안정되고 풍부해지며 감칠맛이 더해져서 더욱 깊은 맛으로 변화해간다. 그러나 이 역시 일정한 기간이 경과하면 산패로 인해 급격하게 맛이 저하된다. 따라서 음용 기간과 음용 시기를 고려하여 바른 정보가 바탕이 된 포장 방법을 사용하여 보관한다.

(4) **숙성 단계에 있는 원두 보관**

숙성 단계에 접어든 원두의 용기일수록 공간을 더욱 최소화하여 공기와의 접촉을 최소화시키는 것이 좋다. 이는 산패 속도를 늦춰주기 때문에 결국 음용 가능 기간을 연장시켜 주는 효과를 제공한다. 필자가 사용하는 방법은 보관 용기의 빈 곳에 에어캡을 채워 넣는 것이다.

3) 산패한 원두의 기준

(1) **일반적인 산패의 기준**

사실 산패라는 것의 기준은 커피에게 있어서 너무도 냉정하다. 산패의 시작점은 '숙성의 절정이 지나자마자부터'이다. 이 시점부터는 맛의 균형미가 무너져서 점차 떫은맛이 두드러지고, 산지별 원두 특유의 향이 점차 적어지거나 사라진다. 가스가 많이 빠져나가 뜸이 잘 들지 않는 경우도 있지만, 이는 로스팅 배전도의 차이로 인한 경우도 많으므로 언급하지 않겠다.

(2) 신 점드립에서의 산패

산패로 인한 맛의 변화는 다공질 벽의 섬유소 성분에서 온다. 마치 풀을 쌓아두면 거름이 되어버리듯 말이다. 일반적인 물줄기(스트레이트) 드립의 경우는 3일 정도만 숙성이 된 원두라 하더라도 강한 물줄기로 인해 섬유소 추출이 많아진다. 그러나 신 점드립의 경우는 섬유소 파괴를 최소화하기에 음용 가능한 기간이 길다.

4) 보관 용기

원두 보관 시 한지로 싸서 보관 용기에 넣으면 좋다. 이는 원두 주변의 습기를 한지로 하여금 흡수하도록 만들어서 원두의 산패를 늦춰줄 수 있다.

04 로스팅 날짜와 산패의 관계

로스팅이 끝나면 가스 빼기 과정을 거친다. 이를 통해 가스와 더불어 탄 냄새도 날려주는 효과가 있다. 여기에서 자주 나오는 질문은 '얼마나 가스를 날려주어야 하는가?'이다.

1. 숙성이란?

'숙성'이 무엇인지 생각해 보자. 커피 주성분은 탄수화물인데, 로스팅을 하면서 생기는 고열에 탄수화물 융해가 일어나면서 가스가 발생하게 된다. 이러한 가스는 원두 팽창으로 생겨난 다공질 구조 내부에 가득 차게 된다. 이렇게 다공질 내부에 존재하는 가스는 공기 중의 산소와 수분을 차단해 주는 역할을 한다. 그러나 원두는 진공 상태에 있는 것은 아니다. 가스는 점차 원두 외부로 빠져나가게 되고, 그 내부의 빈자리에 산소와 수분이 유입되면서 해당 원두의 '산화'가 서서히 이루어진다. 그렇다. 산화가 숙성이다.

2. 로스팅 직후의 가스 빼기 작업

가스 빼기는 급격한 숙성이다. 그리고 진정한 가스 빼기는 산소와 수분을 최대한 차단한 상태에서 가스를 더 잘 방출시키는 것이라고 할 수 있다. 이를 가능케 하는 가장 좋은 방법 중의 하나가 진공압축포장이다. 실제 실험에서 매우 훌륭한 맛이 표현되는 것을 확인할 수 있었다. 그러나 이도 단점이 있다. 진공포장을 열자마자부터 급격한 산화가 일어나게 된다. 가스만 빠져나가고 공기나 수분이라고는 전혀 없던 환경에 존재하던 커피 다공질 내부에 갑자기 공기 중의 산소와 수분이 다량 유입되면서 숙성에 속도가 붙기 때문이다.

그래서 진공포장에 의한 커피 보관은 개봉 후 즉시 먹을 수 있을 만큼의 소량만 실시하는 것이 좋은데, 이는 사실상 매장에서는 쉽지 않은 상황일 것이다. 진공압축포장에는 소량의 산소가 존재하는데 이는 원두와 원두사이에 존재하여 숙성에 관여한다.

※ 숙성에 필요한 산소는 숙성되는 시간은 다르지만 소량으로도 원두 전체에 관여한다.

3. 가스 빼기와 원두의 수명

원두의 수명을 조절하는 것은 볶은 원두를 밀폐 용기에 담기 전에 가스 빼기를 어떻게 진행하는가와 깊은 연관이 있다.

가스 빼기를 짧게 진행할 경우, 원두 내부에 남아 있는 가스가 여전히 많은 편이기에 공기 중의 수분 및 공기와 다공질 내부의 가스 사이의 위치교환이 좀 더 천천히 일어난다. 즉 원두 보관 가능 일 수가 길어진다는 것이다. 대신 가장 먹기 좋은 상태의 날짜가 다소 늦춰진다는 단점도 있다.

반대로 가스 빼기를 오래 진행할 경우, 이미 다공질 내부에는 공기와 수분이 어느 정도 들어와 있는 상태이다. 따라서 숙성이 빠르게 일어나 음용 가능 시점이 앞당겨진다. 단점은 역시 보관 가능 일이 줄어들게 된다는 것이다.

숙성 단계를 나누자면 미숙-숙성-완숙-과숙-산패로 생각할 수 있는데, 가스 빼기는 급격한 숙성을 유도함으로 이러한 과정이 빨리 일어나 '조숙'하게 되는 것이다. 이 조숙의 정도를 조절하는 것이 원두의 맛과 수명을 조절하는 힌트가 될 수 있다.

이러한 사실을 인지하고 응용한다면 적절한 시기에 조금 더 맛있는 커피를 만들 수 있는 지혜가 생길 것이다.

4. 가스 빼는 시간

가스 빼기의 정확한 시간은 정해져 있지 않다. 그날의 습도가 높으면 산화는 빠르다. 수분이 많기 때문이다. 그런 날에는 다소 짧게 가스 빼기를 실시하면 될 것이다. 그리고 매장에 손님이 너무 많아 보관하던 원두가 너무 빨리 소진이 되었다면, 가스 날리는 시간을 늘려 음용 가능 시점을 앞당기는 것도 가능할 것이다. 상황별로 응용을 한다는 것이 바로 이런 것이다.

05 원두의 숙성, 그 진짜 이야기

길을 걸어 다니다가 "오늘 갓 볶은 원두만 팝니다."라는 문구를 붙여 놓은 커피숍을 지나칠 때가 많다. 그럴 때마다 상당히 안타까웠다. 잠시 그곳에 들어가서 필자가 볶은 커피 중 적당히 숙성시킨 원두를 갈아서 신 점드립으로 내려 맛보여 주고 싶은 욕망을 억누르느라 참 힘들었다. 원두를 볶자마자 갈아서 마시는 것보다 적당하게 숙성된 원두로 추출해 마시는 커피의 풍부한 맛과 향미를 그들에게도 소개해 주고 싶은 마음이 간절했다. 이번 챕터에서는 그토록 알려주고 싶던 원두의 숙성에 대해 파고들어 가 보겠다.

1. 원두의 숙성이란?

"숙성은 식품 속의 단백질, 지방, 탄수화물 등이 효소, 미생물, 염류 등의 작용에 의해 부패하지 않고 알맞게 분해되어 특유의 맛과 향미를 갖게 만드는 일을 의미한다."(두산백과) 원두의 숙성은 산화 숙성이다. 소량의 산소에 의해 서서히 산화되는 것이다.

2. 원두 산화 숙성의 3종류

원두의 산화 숙성으로 인한 화학 변화는 3개의 종류로 나눌 수 있다.

1) 산화

산소가 원두에 결합하거나, 수소가 원두로부터 떨어지는 화학 반응이다. 이는 원두에 강도를 더하도록 돕고 맛의 깊이와 여운, 그리고 복합성을 부여한다. 또한, 타닌 성분에 작용하여 떫은맛과 쓴맛을 경감시키기에 커피에 부드러운 맛을 제공한다.

2) 발효

유기물을 불완전하게 분해하여 물과 이산화탄소 외의 다른 종류의 유기물질을 생성한다. 이는 산소를 사용하지 않는다. 커피의 경우 약배전 원두에 일부 적용된다.

3) 산패

가수분해*로 인해 산성 또는 알칼리성을 띄게 되고, 섬유 조직을 무르게 한다.

※ 가수분해 : 자연계의 화학반응 중에 물분자가 작용하여 일어나는 분해반응이다. 금속염이 물과 반응하여 산성 또는 알칼리성 물질이 되는 반응이나 사람의 소화기 내에서 음식이 소화되는 과정 등이 대표적인 가수분해이다.(두산백과)

3. 숙성이 잘된 커피는?

숙성이 잘된 커피는 색깔이 맑고 진하며, 맛의 농도는 짙고 깊어진다. 바디감 역시 커지며 맛의 여운이 길다. 이것은 숙성된 커피 내부의 커피 성분이 가지는 용해성(커피 성분이 용매인 물에 대하여 녹는 성질)이 미숙성 커피의 그것보다 크기 때문이다.

4. 로스팅 정도에 따른 숙성

구분	다공질 구조	흡습성	숙성 또는 산패
약배전 (2차 팝 전)	상대적으로 덜 발달된 다공질 구조를 형성한다.	다공질이 거의 없다고 생각하라. 이는 결국 새로운 수분과 공기가 지속적으로 드나들며 자연스러운 숙성을 진행하는 것이 아닌, 본래 섬유소 내부에 머물러 있는 물기로 인해 점차 산패하는 것이다. 통풍이 잘되지 않아 축축한 곳간에 젖은 볏짚을 쌓아놓으면 그것이 빠르게 부패하는 것과 비슷한 원리로 볼 수 있다.	숙성 효과를 기대하기 어렵고, 빠른 산패를 가져온다. 섬유소 내부에 머물러 있는 물기가 외부로부터 젖어 들어가는 수분과 결합하여 산패가 빠른 것이다. 처음부터 이는 숙성이라고 보기보다는 발효에 가깝다고 할 수 있다. 그러나 이를 그나마 발효라고도 보기 힘든 이유는 커피의 약산성 성질에 근거가 있다. 원래 약산성인 커피는 공기 중과 섬유소 내부의 과한 수분량으로 인해 더 빠른 산패로 이어지기 때문이다.

중배전 (2차 팝 시작 ~ 2차 팝 절정)	커피 액 추출에 적절한 다공질 구조를 형성한다.	원두의 다공질 구조에 적당한 공간이 형성되어 흡습성이 가중된다. 다공질 내부의 이산화탄소와 공기 중의 산소 및 수분의 치환작용이 숙성에 알맞도록 이루어진다.	공기 중의 수분, 미생물, 이산화탄소의 활성화 작용을 통해 원활한 숙성이 이루어진다. 이를 응용하면 향상된 맛에 음용이 가능한 기간을 조절할 수 있다.
강배전 (2차 팝 절정 이후)	원두 부피 증가와 함께 갈라진 형태의 다공질 구조를 형성한다.	로스팅 후 초반에 흡습성과 활성화 작용 정도가 매우 크다. 과한 가열로 인해 섬유소에 있던 수분이 많이 빠져나가 그 공간이 열려 있는 상태이다. 따라서 다공질의 개방성이 커 쉽게 가스가 빠져나가는 구조인 것이다.	숙성 효과가 매우 빠르고, 그만큼 산패도 빠르다.

※ 흡습성 : 섬유소가 공기 중의 수분을 흡수하려는 성질

※ 활성화 : 공기 중의 수분, 미생물, 이산화탄소 등 물질의 복합적 작용

※ 이산화탄소 : 원두의 다공질 구조 내부에 높은 압력과 함께 위치한다.

※ 1차 팝 : 원두의 센터컷(Center Cut)이 갈라지는 소리

※ 2차 팝 : 원두의 내부 조직(다공질)이 형성되는 소리

5. 숙성 시 주의 사항

(1) 용량에 맞는 용기

(2) 여유 공간의 최소화

(3) 알맞은 온도와 습도

(4) 내습에 주의(습도가 높은 날 오픈된 원두는 급격한 수분 흡수로 인해 수명이 짧아진다.)

(5) 너무 낮은 온도는 미생물의 활동이 급격히 위축된다.

(6) 높은 온도는 미생물 반응이 활발하여 빠른 숙성이 일어난다.

(7) 배전도에 따른 숙성 효과를 이해하고 응용한다.

6. 숙성에 좋은 로스팅

(1) 커피 본연의 맛을 충분이 표현한다.

(2) 적당한 다공질 구조를 만들어준다.

(3) 다공질 구조 내벽에 에센스 성분의 분리를 최대화하고 고온에 의한 연소를 최소화한다.

(4) 전도열, 대류열, 복사열을 이용하여 원두 조직을 단단하게 하고 강력한 쿨링을 통해 조직의 안정화와 강한 경도를 부여한다.

(5) 좋은 로스팅은 시간이 지날수록 숙성 효과는 배가 되면서 조직의 경도는 단단하게 유지할 수 있는 방법으로 행하여야 한다. 이는 숙성 시 깊은 맛을 표현하고 원두를 오래 보관할 수 있도록 도와주기에 상품성을 높이는 데에 큰 역할을 한다.

7. 밀봉과 개봉

(1) 밀봉 : 밀봉도가 높으면 공기와 습도가 낮아, 낮은 온도의 보관 효과가 있다.

(2) 개봉 : 원두 외부의 대기압과 용기 안의 대기압이 평형을 이루어 원두가 이산화탄소를 붙잡아 두는 힘이 약해진다. 이는 결국 원두 내부의 이산화탄소를 외부로 내보내고 그 공간을 산소와 습기가 차지하여 원두의 수명을 짧게 만드는 것이다.

※ 로스팅 날짜와 산패와의 관계 챕터를 읽고 난 후 그 글과 연관시켜 이번 챕터를 정독하면 이해에 많은 도움이 될 것이다.

06 원두의 변질, 그리고 보관법

1. 원두의 변질

커피는 다른 곡물과는 다르게 주변 환경의 영향을 많이 받는 대표적인 기호식품이다. 따라서 적절한 보관을 통해 그 변화를 최소화시켜야 한다.

커피의 변질은 생두의 '백화 현상'과 원두의 '산패'가 대표적이다. 생두의 백화 현상은 잘못된 보관으로 인해 상품 가치가 떨어지는 대표적인 현상으로, 습기에 노출된 생두 표면이 부패되어 하얗게 변화한 현상이다. 이러한 백화 현상이 계속 진행되면서 얼룩이 지고 썩어가게 된다.

원두의 산패는 로스팅 된 원두가 시간이 지남에 따라 가수분해되거나 산화되어 원두 조직은 약해지고 향기 성분은 소실되거나 감소하여 불쾌한 맛과 냄새를 발행시키는 변화를 말한다. 이렇게 산패되는 원두를 재사용하는 방법으로 인공 향을 가미한 향커피가 등장하게 되었다. 그 예가 헤즐넛향 커피이다.

2. 원두의 보관법

로스팅한 원두는 숙성 과정을 거치면서 점차 맛과 향이 안정되고 풍부해지며 감칠맛이 더해져 보다 깊은 맛으로 변화해 간다. 그러나 일정한 기간이 경과되면 섬유소 성분의 산패로 인해 섬유소의 부정적인 맛이 숙성된 에센스 성분의 맛을 가리게 된다. 이는 곧 급격한 맛의 변질을 가져온다는 것이다. 따라서 원두의 향미를 최대한 오래 유지시킬 수 있는 최적의 보관법을 찾는 것은 중요한 일이 아닐 수 없다.

1) 질소 충전 포장 방식

장기 보관에 쓰이던 진공포장의 개선책으로 개발된 질소 충전 포장 방식(가스치환방식)은 포장지 내부에 남은 공기를 빼내고 질소가스를 채우는 방식으로 장기 보관에 가장 적합하다고 볼 수 있다.

그러나 이러한 질소 충전 포장 방식이 완벽한 것은 아니다. 로스팅한 원두는 로스터 기계로부터 배출됨과 동시에 수분과 미생물이 침투하기 시작한다. 그래서 로스팅 완료와 동시에 공기에 노출되는 시간이 길수록 보존기간이 짧아진다. 그 때문에 아무리 질소 충전 포장법을 사용한다 하더라도 포장 직전까지는 어쩔 수 없이 원두와 공기의 접촉이 일어나므로 이 방법 또한 영구적인 원두 보관법이라고 말하기에는 무리가 있다.

2) 단기간 보관 방법

로스팅된 원두나 장기 보관된 원두는 음용 시기에 맞춰 판매를 위한 방법 또는 단기간 보관하기 위한 방법으로 재포장하여 보관한다. 그 방법으로는 봉투 포장, 밸브 포장, 용기 보관 등이 있다.

(1) 봉투 포장

가스가 내부에 가득 차게 되어 터지는 것을 우려하는 경우가 있는 방법이다. 그러나 사용하지 않고 장기간 보관하는 것만 아니라면 별문제는 없는 방법이다.

(2) 밸브 포장

유입되는 공기를 차단하고 가스는 배출하는 기능을 가지고 있어 많이 사용되지만, 향미 성분까지 같이 배출되는 단점이 있고 다른 보관 방법에 비해 원두 수명이 짧다.

(3) 용기 보관

완전 밀폐라는 점에서 봉투 포장과 같은 원리이다. 그러나 보관 용기의 재질이 유연하지 않다는 점이 차이점이다. 봉투의 경우, 소모한 원두가 생기더라도 봉투 내부의 공간을 없애는 것이 가능하다. 봉투를 압축시켜 공기를 뺀 후 밀봉하면 되기 때문이다. 그러나 유리는 그 재질이 단단하여 변형이 불가능하다. 따라서 소모되는 원두만큼 내부에 공간이 생성되고, 그 공간에 유입되는 산소량만큼 원두에 스며들게 되는 산소와 습기의 영향 역시 증가하여 원두의 상태 변화가 가속된다. 그러나 원두를 유리 용기에 보관하는 것은 소비자가 개봉하지 않고 여러 가지 원두를 눈으로 확인할 수 있고 재사용으로 인한 비용 절감이 가능하며 세척이 편리하다는 장점이 부각되어 주로 사용되는 방법이다.

07 가스는 양날의 검이다

1. 가스 빼기?

많은 로스터리 커피숍에서는 "가스를 뺀다."라는 말은 자주 사용한다. 그러나 사실 올바른 표현은 "숙성을 준비한다."라고 해야 한다. 전자는 가스라는 존재가 소모시켜 버려야만 하는 부정적 요소라고 간주하는 듯한 표현이다. 그러나 가스는 원두의 적절한 숙성을 위해서는 너무 많아서도 너무 적어서도 안 되는 중요한 요소이다.

우선 기억해야 할 것은 원두를 구성하고 있는 섬유소가 흡습성이 있다는 것이다. 그리고 고온에서 갓 볶은 원두는 열에 의해 내부에 존재하던 수분이 증발하여 그 내부가 굉장히 건조한 상태이다. 또한, 다공질 구조가 형성되었기에 그 흡습성은 더욱 강해진다. 원두는 공기 중의 수분을 흡수하면서 그 반사작용으로 표면에서 가까운 부분에서 가스의 일부가 방출되기도 하지만 이는 극소량이다. 실제로 원두 내부에서 일어나는 반응은, 흡수되었던 수분이 다공질 내부 벽면에 붙어 있던 에센스 성분과 가스의 사이의 화학반응으로 인해 활성화되어 방출되는 것이다. 이때 방출되는 수분은 향미 성분과 함께 공기 중의 산소 및 습기와 치환되는 것이다.

보통 몇 분에서 하루 정도의 시간 동안 실시하는 것으로 알려진 '가스 빼기'라 불리는 것. 그렇지만 필자는 '숙성 준비 기간'이라고 언급한 해당 절차를 오랜 시간 실시할수록 원두는 많은 양의 수분을 흡수하게 되고, 밀봉을 하더라도 초반부터 활성화가 빠르기에 방출되는 가스량이 많고 그 방출 속도는 빠르다. 그러나 그 숙성 준비 기간을 단기간 동안 실시하면 원두의 활성화 정도는 상대적으로 작으며 가스의 방출 속도 역시 느리게 된다.

가스, 즉 이산화탄소는 무색, 무취, 무미이며 공기보다 무겁다. 초반의 숙성 준비 기간을 실시하기 위해 공기 중에 개방된 상태로 방치한다고 하여 초반부터 가스가 뿜어져 나오는 것이 아니다. 시간이 지나며 숙성이 되면서 활성화에 의한 치환작용으로 방출되는 것이라는 점을 인지하고 있어야 한다. 그저 가스를 빼기 위한 목적으로 오픈하기보다는 공기 중의 수분을 흡수시키는 양을 조절하는 데에 목적을 가지고 행하는 것이 원리에 부합한다고 말할 수 있다.

2. 가스 = 양날의 검

로스팅한 원두 내부에 존재하게 되는 이산화탄소는 적당히 활용하면 최고의 커피를 맛보게 해주는 도우미가 될 수 있지만, 너무 지나치면 오히려 부정적인 존재가 될 수도 있다. 원두가 숙성된다는 것은 그만큼 시간이 경과하면서 원두 내부의 가스가 사라진다는 것을 의미한다.

가스는 뜨거운 물일수록 활발하게 반응하여 활성화된다. 커피 액을 추출하기 위해 원두 가루 위에 떨군 뜨거운 물은 원두 다공질로 스며들어 이산화탄소와 만나게 되고 계면활성화 반응이 시작된다. 빨래를 빨

때 물과 세제를 섞으면 거품이 일어나고 그것이 때를 잘 빼도록 도와주듯, 커피 추출에서 생성되는 거품은 다공질 벽면에 맺힌 커피 에센스를 잘 닦아내어 추출이 용이하도록 도와주는 역할을 한다. 즉 계면활성화된 물과 가스가 다공질 벽면을 훑고 지나가면서 에센스 성분을 닦아 추출하는 것이다.

그러나 이처럼 에센스 성분만 추출해내면 좋겠지만, 주입시키는 뜨거운 물의 양이 너무 많을 경우 커피가루가 물에 고이게 되고, 결국 이는 섬유소 성분이 우러나 다량 추출되는 원인이 되고 만다. 에센스 성분만을 닦아내는 데 쓰여야 할 가스가 섬유소 성분에까지 영향을 미치게 되는 것이다. 비유하자면, 에센스만을 뽑아내기 위한 가스는 세정 역할만 하는 세탁 세제인 것이고, 섬유소의 과추출을 야기하는 가스는 섬유소를 무르게 만들어 헤지기 쉽게 만들어 버리는 섬유 유연제인 것이다. 따라서 에센스 성분만을 닦아내는 데에 필요한 가스양은 조심스럽게 조절해야 한다. 이는 적당한 물 주입량으로 가능하고, 신 점드립이 바로 그 최적의 물 주입 방법인 것이다. 이렇듯 가스는 그 자체가 쓸모없이 날려 보내야 하는 존재가 아니라, 추출 원리와 추출 기술이 접합되어 긍정적으로 작용할 수 있는 존재라고 말하겠다.

가스의 또 다른 역할로는 원두 입자 사이에 기포의 형태로 존재하면서 물을 머금고 있는 원두 가루들이 뭉쳐서 추출을 방해하는 현상을 방지하는 것이다. 이는 결국 원두가 물에 잠기지 않도록 도와주는 효과로 이어진다. 이 같은 사실은 더치 커피 원액의 추출에서도 그대로 적용할 수 있다.

그러나 짧은 시간 동안 가압식의 고압력과 고온의 물로 추출하는 에스프레소에서는 그 역할이 다르다. 소량의 물로 다량의 성분을 추출하면서 일부의 가스 압력을 이용하는 방식이라는 점은 신 점드립과 닮았다고 말할 수 있다. 그러나 고운 분쇄도와 높은 압력에 의한 방식은 에센스보다는 섬유소에 더 많은 영향을 줄 것으로 예상된다.

가스양이 많을 경우 원두가 물을 충분히 머금지 못하게 방해하여 에센스가 과소 추출될 수 있다. 그리고 에스프레소 크레마의 양은 원두에 남아 있는 가스의 양과 비례한다. 따라서 크레마가 많다고 하여 추출된 에스프레소의 에센스 성분이 많이 추출되었다고 말할 수는 없는 것이다.

가스가 많다 ⇒ 압력이 높다 ⇒ 추출이 빠르다
⇒ 다량의 크레마 ⇒ 낮은 농도의 에스프레소

가스양이 적은 경우는 추출의 논리 설명을 생략하겠다. 그 이유는 가스가 적다는 것이 원두의 상태와 연관이 있기 때문이다. 이는 오래된 원두이거나 가스가 덜 만들어진 약배전 원두, 또는 가스가 많이 소실된 강배전 원두이다.

적당한 가스양은 추출과정에서 적절한 저항력을 제공한다. 이는 결국 최적의 추출을 가능케 도와준다. 이러한 점에서 숙성(aging)이라는 것은 원두가 가지고 있는 가스양을 조절하고 안정화시켜 추출에 적절한 압력을 발생시키는 것이다.

08 뜸들이기의 비밀

1. 뜸의 변수들

배전도, 숙성도, 분쇄도, 드리퍼, 필터, 원두의 양에 따라 뜸들일 때의 물 주입량, 주입 방법, 스윙의 속도를 달리 해야 한다. 그중에서도 주로 배전도와 숙성도에 의해 물의 주입량, 방법, 빠르기가 결정된다고 볼 수 있다.

2. 가장 이상적인 뜸

(1) 물이 주입되어 드리퍼의 중앙 및 하단에서부터 전체로 퍼지는 형태
(2) 물을 머금은 원두층의 무게가 전체에 고루 분산된 형태

3. 배전도에 따른 뜸들이기의 변형 방법

<table>
<tr><th>약배전
(1팝 후)</th><th>———〉</th><th>중배전
(2팝 시작)</th><th>———〉</th><th>강배전
(2팝 종료)</th></tr>
<tr><td>적어진다</td><td>〈———</td><td>물의
주입량이
적당하다</td><td>———〉</td><td>적어진다</td></tr>
<tr><td colspan="2">점뜸 2회 ← 점뜸 1회 ←
빠른 회전 ←</td><td>스윙
속도가
적당하다</td><td colspan="2">→ 빠른 회전 → 점뜸 1회
→ 점뜸 2회</td></tr>
</table>

① 점으로 뜸을 들일 경우에는 안에서 밖으로, 그리고 밖에서 안으로 각각 3회전씩 실시한다.

② 과숙된 강배전 원두나 약배전 원두의 경우에는 같은 방식으로 2회 실시한다.

③ 빠른 방울을 이용하여 짧은 시간에 실행한다.

4. 원두의 숙성도에 따른 뜸들이기의 변형 방법

갓 볶은 원두	———〉	숙성	과숙	산패
물 주입량이 많다	〈———	적당한 물의 주입량	———〉	물 주입량이 적다
느린 스윙	〈———	적당한 스윙 속도	———〉	빠른 스윙
필터와 드리퍼는 칼리타가 최적	〈———	필터와 드리퍼는 고노가 최적	———〉	필터와 드리퍼는 하리오가 최적

공통적으로 배전도, 숙성도, 드리퍼의 유속, 필터의 조밀도, 원두량 등을 위와 같이 그려서 비교해 보면 큰 틀에서 방법이 일치하는 것을 확인할 수 있다.

09 로스팅 직후 쿨링의 중요성

로스팅하던 원두를 로스터기로부터 배출해 내고 곧장 실시하는 것이 무엇일까? 바로 쿨링(Cooling)이다. 쏟아져 나온 원두 아래에 쿨러를 켜고 최대한 빨리 원두를 식히는 작업은 절대 빠뜨릴 수 없는 중요한 작업이다. 그런데 이러한 작업이 왜 중요한 것일까? 원두에 어떠한 역할을 하기에 이런 번거로운 작업을 항상 빼먹으면 안 되는 것일까?

1. 로스팅 직후 원두의 상태 관찰

로스팅 직후 원두 배출과 동시에 일어나는 현상을 풀어헤쳐 보자.

① 로스터기로부터 배출된 원두는 배출 직후 자체 온도가 매우 높은 상태이다.

② 공기 중의 다량의 산소와 반응하여 표면 연소가 일어나고 자체 로스팅이 진행된다.

③ 표면 연소로 인해 원두 표면은 보다 쉽게 공기 중의 수분이 침투 가능한 상태가 된다.

④ 최고조의 숙성 단계까지의 기간이 짧아져 산패가 가속화된다.

이것이 바로 로스팅 직후에 원두가 겪게 될 뜨거운(?) 현실이다. 고온에서 볶은 원두는 로스터기로부터 배출된 후에도 원두 내부에 남아 있는 잔열로 인해 로스터가 원하는 로스팅 포인트를 지나치게 되는 것이다.

이러한 이유로 인해 쿨링은 반드시 필요하다. 원하는 로스팅 포인트를 최대한 유지하고 원두의 조밀도와 경도를 증가시켜 신선한 보관을 가능하게 해준다. 쿨링을 실시할 경우 원두가 급격히 식으면서 부피 수축 현상이 일어나고, 이로 인해 조밀도와 경도가 커진다. 즉 작고 단단해진다는 의미이다. 만약 이와 같은 쿨링이 이루어지지 않는다면, 수축 작용이 적기에 조밀도와 경도 역시 낮아지게 되는 것이다. 이러한 이유로 쿨링은 양질의 원두를 생산하는 데에 중요한 역할을 한다. 쿨링을 통해 자체 로스팅과 수분 침투를 최소화하고 조밀도를 높여주어 강한 경도를 갖게 하며 맛과 향의 보존성을 좋게 하고 숙성에 적합한 상태로 긴 시간 유지시켜 높은 상품성을 갖게 한다.

2. 쿨러의 힘에 따른 원두의 질(Quality) 변화

로스터기로부터 배출된 원두의 고온 상태는 분명 원두의 질에 악영향을 끼칠 수 있다. 그렇다면 쿨러의 기능이 떨어지거나 올라가면 맛에 끼치는 영향이 달라지지 않을까? 필자는 지인의 도움으로 쿨러 모터의 마력을 증강시키는 조치를 취해 보았다. 이는 실제로 원두의 질 향상에 여러 면에서 긍정적인 영향을 주었다.

(1) 쿨링 시간 단축으로 인한 총 로스팅 시간 절약

원두량에 따라 평소 3~4분 진행하던 쿨링 시간이 1~2분으로 줄어들고, 원두가 가지는 경도와 조밀도는 더욱 커지는 효과가 있었다.

(2) 빠른 연속 배전이 가능

쿨링 시스템과 로스팅 시스템이 이원화되어 있는 상태이므로 볶은 원두를 쿨링 교반에 쏟아 부은 후 곧이어 또 한 번의 로스팅을 시작할 수 있다. 따라서 로스팅을 한 번 끝낸 후 쿨링을 하는 동안 로스터가 식어 다시 예열하고 기다려야 하는 시간을 절약할 수 있다.

(3) 교반에서의 쿨링 시간 동안 실버스킨의 감소 강화

공기를 빨아들이는 쿨링 모터의 힘이 강하기에 쿨링을 위하여 체망에 원두를 부어 섞어 주는 동안 빠져나오는 실버스킨 조각들이 더 쉽게 제거 된다. 그렇기에 실버스킨의 산패로 인해 원두 자체의 산패가 가속화되는 현상을 최소화시킬 수 있다.

(4) 표면 조직의 안정화 및 보전 기간 연장

급속한 쿨링으로 인해 원두 표면 수축 현상이 가속화되어 조밀도와 경도가 상승한다. 이는 원두 내부로의 수분 침투를 최소화하여 양질의 원두 상태를 유지하는 데에 도움을 준다.

(5) 다공질 내부 이산화탄소의 밀도 증가

강력한 쿨링으로 인해 표면의 경도와 조밀도가 커져 이산화탄소의 외부 배출이 최소화된다. 그리하여 더 압축된 형태의 진한 기체가 다공질 내부에 잘 보존될 수 있다. 결국, 이는 외부의 산소와 내부의 이산화탄소의 치환작용을 늦춰주어 오랫동안 원두를 숙성시키고 보존시킬 수 있는 장점을 제공해 준다.

10 신 점드립 연습에 지친 이에게 추천하는 최적의 물줄기 드립

신 점드립의 맛을 따라가기는 힘들지만, 종의 맛이 살아 있게끔 핸드 드립 커피를 추출하는 방법을 소개한다. 보통 맛과 진한 맛으로 구분하여 추출할 수 있다. 1인분 추출을 위한 원두 중량은 15~20g, 2인분 추출을 위한 원두 중량은 25~30g이다.

(1) 뜸 : 30초

(2) 1차 추출

① 보통 맛 : 15~20초

② 진한 맛 : 20~25초

(3) 1차 대기 : 20초

(4) 2차 추출 : 1차 추출과 동일

(5) 2차 대기 : 1차 대기와 동일

스윙은 나선형으로 겹치지 않게 실시한다. 보통 맛은 7회전을 주어진 시간 안에 실시한다. (안에서 밖으로 4회전, 밖에서 안으로 3회전) 진한 맛은 9회전을 주어진 시간 안에 실시한다. (안에서 밖으로 5회전, 밖에서 안으로 4회전)

〈주의사항!〉

1. 최대한 가는 물줄기로 천천히 스윙한다. [물줄기(스트레이트)이므로 짧은 시간임에도 천천히 하는 느낌이 가능하다.]
2. 물길이 겹치지 않게 스윙한다.

에센스 성분은 보통 물에 잘 녹는 수용성 성분이기에 충분히 추출된다. 문제는 섬유소 성분. 섬유소의 추출은 온도, 계면활성화 정도, 시간에 많은 영향을 받는데, 온도는 에센스의 추출과 향미의 극대화에 영향을 주므로 고온으로 유지하는 것을 권장한다. 문제는 계면활성화 정도이다. 물줄기가 겹치고 빠르면 그만큼 계면활성화가 활발해지고 섬유소 성분의 추출량 증가에 많은 영향을 주게 된다. 전체 추출 시간을 짧게 하는 것은 섬유소라는 성분이 온도보다는 잠겨 있는 시간이 길어짐에 따라 추출량이 늘어나기 때문이다. 물 희석은 신 점드립에서와 동일하게 총량 200ml를 만들어준다. 드립 도구는 취향대로 사용해도 좋다.

11 커피 메이커로 신 점드립 따라하기

1.예전에는 즐겼던 커피 메이커

일반적으로 직장, 집, 뷔페, 식당 등에서 '원두커피'를 맛볼 수 있는 방법은 무엇이 있을까? 대부분 인스턴트 블랙커피를 이용할 것이다. 이보다 조금 더 번거롭지만 더 나은 맛을 원하는 이들이 행하는 수고는 바로 '커피 메이커 기계의 사용'이다. 커피 메이커는 사용하기가 참 편하다. 이 기계의 거름망 안에 원두 가루를 갈아 넣고 급수통에 물을 담아 전원 버튼만 누를 수고만 감당한다면, 당신은 고소한 향의 원두커피를 정말로 쉽게 맛볼 수 있다.

2. 편하긴 한데, 맛이……

그러나 여기에서 신 점드립 하는 사람으로서 본능적으로 떠오르는 생각이 있다.

'그 커피, 신 점드립 커피를 맛보았는데도 계속 먹을 수가 있을까?'

실제 필자 역시 신 점드립을 공부하고 숙련하여 익숙해지기 전까지는 어떠한 커피도 가려 마시지 않았다. 물론 커피 메이커로 만든 원두커피도 그 향을 즐기며 맛있다고 말하며 마셨었다. 그러나 이제는 그것이 쉽지 않다. 횡의 맛이 초과하여 쓰고 카페인 느낌 강한 커피는 어느새 내 몸이 거부하고 있었다. 혀에 닿는 순간 표정이 일그러지고, 저 기계의 거름망 안에 들어가 버린 커피가루가 너무도 아깝게 느껴졌다.

이는 나의 지인들에게도 마찬가지인 현실이 되어 버렸다. 사무실에서 함께 근무하는 사람들 모두는 필자가 없을 경우 커피를 즐기지 못하였다. 왜냐하면, 신 점드립을 실시할 수 있는 사람이 필자뿐이었기 때문이다. 그래서 나의 지인들은 내가 부재할 경우, 어서 돌아와 커피 내려주기만을 학수고대하곤 했다.

3. 커피 메이커 커피, 무엇이 문제일까? (신 점드립의 시각에서)

그래도 커피 만들어 먹으라고 만든 기계인데, 대체 무엇이 문제일까? 기능이 문제일까? 그렇지 않다. 바로 커피를 제조하는 우리 '사람'의 잘못이다. 조금만 더 신경을 쓰면 되는데 추출의 원리를 모르다 보니 그냥 대강대강 만들어 마시게 되는 것이다.

그렇다면 우리는 대체 어떤 잘못을 저지르고 있는 것일까? 이를 알아내기 위해서는 일반적으로 커피 메이커를 통해 커피를 만들 때의 과정이 어떠한지를 살펴볼 필요가 있다.

다음은 우리가 평상시 커피 메이커를 통해 500ml 정도의 원두커피를 뽑아내고 싶을 때 행하는 행동을 묘사한 것이다. 본인의 모습이 이러한지 살펴보자.

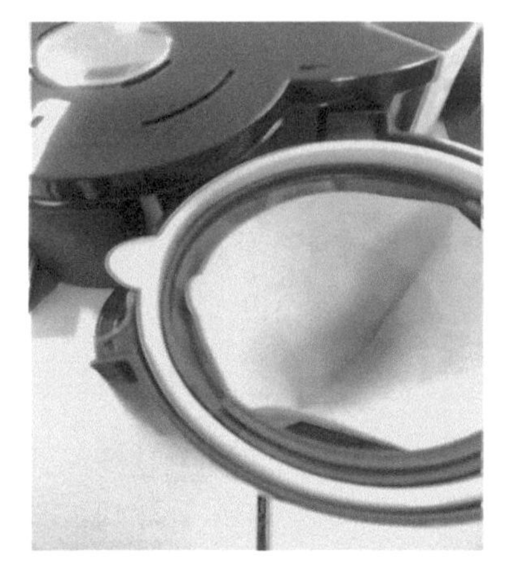

(1) 커피 메이커를 열어 깔때기에 필터를 접어 넣고 갈은 원두를 두세 스푼 넣는다.

(2) 급수통에 물을 대량으로 담는다. (500~600ml)

(3) 추출 전원을 켠다.

(4) 자동으로 커피 액이 추출되어
다 나와 멈출 때까지 기다린다.

(5) 대량으로 추출된 커피를 곧장 컵에 따라 마신다.

본인의 모습을 찾았는가? 분명히 대부분의 독자가 이러한 방법이 당연하다고 생각해 왔을 것이다. 그러나 여기에는 분명히 큰 문제가 있다. 물론 신 점드립의 추출 원리에 있어서 말이다. 많은 사람이 커피를 꺼려하는 이유 중의 큰 비중을 차지하는 것은 '횡의 맛' 초과이다. 쓴맛, 아린 맛, 한약처럼 독한 맛, 카페인의 느낌 등이 이 횡의 맛을 나타낸다고 이미 초반부터 언급하였다. 앞의 커피 메이커 사용 모습은 횡의 맛을 극대화시키는 모양새이다. 커피가루 몇 그램을 넣고 시간을 지키는 것과 같은 작은 부분의 문제보다도, 계속적 물을 들이부어 커피가루로 하여금 물 안에 잠기게 만든다는 것이 이러한 문제를 야기시킨다.

4. 커피 메이커로 신 점드립 따라하기

다량의 물에 의해 우러 나오는 맛(횡의 맛)을 최소화시키고 에센스(종의 맛)만 뽑아내려는 조치가 필요하다. 그런데 이러한 것을 기계에 어떻게 적용할 수 있을까? 인식을 조금만 전환하자. 기계라고 하는 녀석이 모든 것을 다 자동으로 해주어야 한다는 고정관념을 버리자. 조금만 수동으로 해보자. 이제 여러분을 조금 괴롭힐 단계들을 소개하겠다.

(1) 2인분 커피 350ml를 제조하는 것을 목표로 한다.

(2) 원두 30g을 분쇄한다.

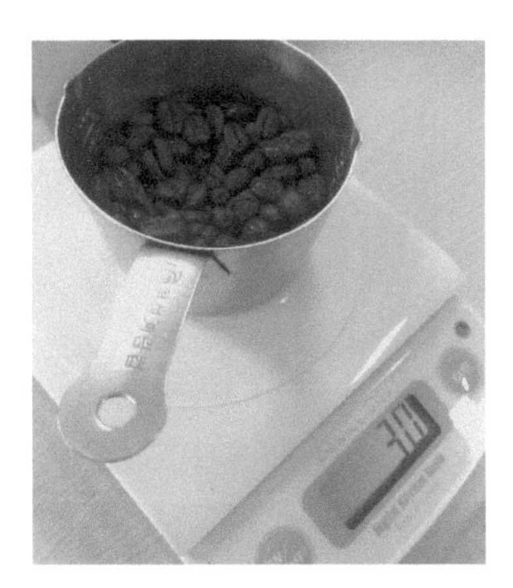

(3) 분쇄한 원두를 가느다란 입김으로 불어 그 안의 은피 가루와 진분을 최대한 날려준다.

(4) 커피 메이커 깔때기 안에 여과지를 장착시키고 분쇄 원두를 담아준다.

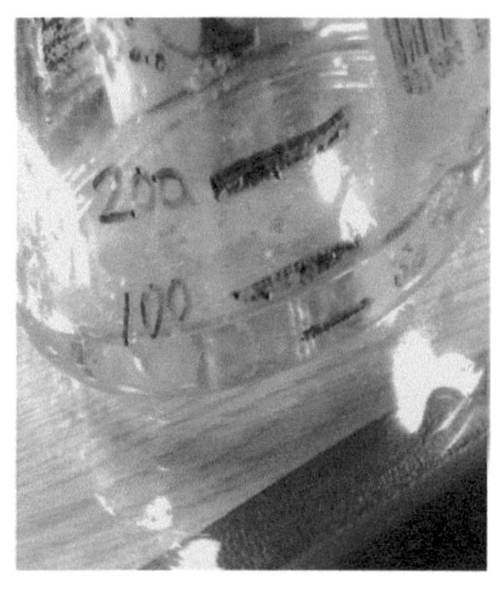

(5) 급수통에 물 80ml 내외를 담아 기기에 장착시킨다.

(6) 핸드드립용 포트(호소구치 0.7L 등)에 끓던 물을 절반 정도만 담는다.

(7) 물을 중앙부터 바깥쪽으로 나가는 나선형의 형태로 원두 가루 위에 천천히 세 바퀴만 부어준다.

(8) 뚜껑을 닫고 30초 동안 뜸을 들인다.

(9) 전원 버튼을 눌러 커피 추출을 시작한다.

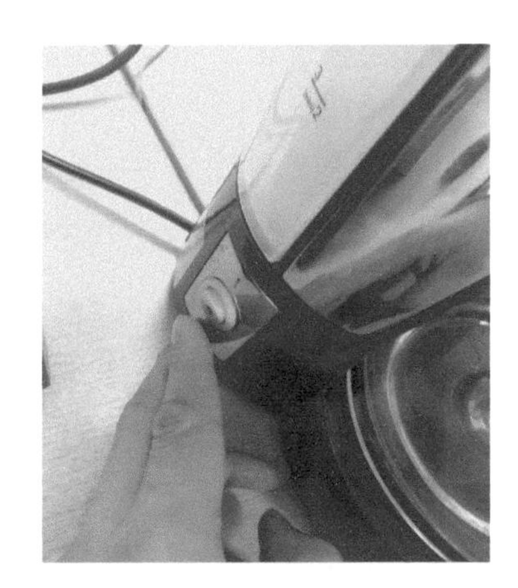

(10) 에센스의 추출이 멈추면 전원 버튼을 끈다.

(11) 끓는 물을 첨가하여 총량 350ml로 만들어준다.

(12) 데운 커피잔에 담아 음용한다.

5. 귀찮다고?

설마 이 정도의 수고가 너무 크게 느껴지는가? 이 책을 읽는 사람이라면 적어도 핸드드립에는 관심이 있을 것이다. 그것이 신 점드립 또는 무엇이 되었든 핸드드립이라는 것 자체가 꽤 큰 정성이 필요한 작업이다. 그러한 핸드드립에 비하면 정말 간편한 절차이다. 숙련이 필요하지도 않다. 많은 도구가 필요하지도 않다. 따로 추출 시간을 잴 필요도 없다. 과연 이것이 정말 힘들고 귀찮은 일일까?

기왕에 구입한 원두, 약간의 수고를 통해 그 원두를 훨씬 맛있게 먹을 수만 있다면, 이 수고는 분명히 감당할 만하지 않을까?

12 드리퍼의 종류 그리고 그 원리

사실 드리퍼별로 신 점드립 커피를 추출하는 방법과 그 향미에 대한 글은 앞서 2번째 대단원에서 설명한 바 있다. 그러나 그러한 드리퍼들이 각각 어떠한 이유로 맛의 차이가 나는지에 대한 올바른 설명을 해주지 못하였다. 이번 챕터는 그것에 대한 궁금증을 가진 이들을 위한 선물이 될 것이다.

1. 우리가 자주 쓰는 드리퍼

드리퍼는 재질과 구조, 크기에 따라 여러 가지 종류가 있다. 원뿔형 하단을 양옆에서 눌러 납작하게 만든 형태의 칼리타 드리퍼, 멜리타 드리퍼뿐만 아니라, 원뿔형의 고노 드리퍼, 하리오 드리퍼 등을 대중적으로 가장 많이 사용되는 상품으로 들 수 있다. 그런데 커피 맛의 특징이 이 같은 드리퍼 형태에서 온다고 말하기엔 부족한 점이 있다. 좀 더 자세히 들여다보면 각각의 추출구의 크기와 리브의 개수, 리브의 형태로 인한 기능 차이가 있다는 것을 알 수 있다. 또한, 각 드리퍼에 알맞은 것으로 알려진 전용 필터(고노 필터, 하리오 필터, 칼리타 필터 등) 역시 그 기능이 상이하다. 과연 그 차이는 어떠할까?

2. 리브(rib)

드리퍼의 리브(rib)란 무엇일까? 앞에서 언급한 드리퍼들 벽면에는 그 드리퍼가 무엇이건 직선 또는 곡선 모양의 돌출 부위가 존재한다. 이것이 바로 리브이다. 이 리브는 무엇 때문에 존재하는 것일까? 그냥 각 드리퍼의 독특한 모양을 부각시키는 심미적 기능만 존재하는 것일까?

우선 핸드드립 커피의 추출 과정에 대해 생각해 보자. 원두에 높은 온도의 물이 접촉하여 계면활성화를 통해 이산화탄소가 다량 방출된다. 그렇게 방출된 이산화탄소로 인해 드리퍼 안에 담긴 커피가루 내부에 기압이 증가하게 되고, 이는 원두의 부피 팽창을 초래한다. 개방된 상부, 즉 원두 표면 방향으로의 팽창은 원활하지만 드리퍼로 인해 막혀 있는 옆면과 하단 부위에 가중되는 내부 기압은 리브와 원두 사이에 피막의 역할을 하고 있는 종이 필터가 버티는 힘으로 인해 더 증가하여 리브와 리브 사이의 공간을 축소시키게 된다.

이때 리브의 역할은 종이 필터가 드리퍼 내부 벽면에 밀착이 되는 것을 방지하여 공기 통로를 확보해 준다는 것이다. 이로 인해 커피 액이 자연스럽게 아래로 흘러내리는 것이다. 그리고 그 공기 통로의 공간이 클수록 빠른 추출이 가능한 것이고, 그 공간이 작으면 느리게 추출이 이루어지게 된다. 또한, 그러한 공간이 크려면 리브와 리브 사이의 공간이 커야 할 것이다.

3. 투과력과 여과력, 그리고 드피퍼의 종류

투과력과 여과력에 대한 이야기를 해보자. 투과력이 더 큰 드리퍼도 있고 여과력이 더 큰 것도 있다는 말을 들어본 적이 있는가? 투과력은 드리퍼 위에 물을 부었을 때 추출이 더 빠르게 이루어지는 정도를 말하는 것이고, 여과력은 그 반대의 상황을 나타내어 물이 커피가루에 의해 드리퍼 상단 또는 중단에 머물러 잘 빠져나오지 못하는 정도를 뜻한다. 즉 빠른 추출은 투과력이 높고 여과력이 낮은 경우에 발생하고, 느린 추출은 여과력이 높으며 투과력이 낮은 경우에 발생하는 것이다.

빠른 추출 = 투과력 높음 = 여과력 낮음
느린 추출 = 여과력 높음 = 투과력 낮음

투과력과 여과력은 공존이 어렵다. 다시 말해서 투과력이 높다면 여과력은 낮고, 여과력이 높다면 투과력은 낮은 것이다. 현재 시중에 판매되는 다수의 드리퍼들은 투과력과 여과력 중 하나를 어느 정도 부각시켜 맛을 표현하고 있다.

1) 칼리타 드리퍼

칼리타 드리퍼는 리브의 모양이 비교적 가늘고 그 거리가 짧게 배치되어 촘촘한 모양이다. 이런 형태는 필터와 리브가 형성하는 공기 통로 크기를 감소시키기에 투과력은 감소하고 여과력은 증가한다. 결국, 이는 느린 추출을 초래한다.

2) 하리오 드리퍼

하리오 드리퍼는 리브의 굵기가 굵은 편이다. 게다가 그 형태가 나선형이기에 종이 필터를 지지해 주는 기능이 종과 횡으로 작용하게 된다. 결국, 많은 공기 통로 공간이 확보되어 더 빠른 추출을 가져온다.

3) 고노 드리퍼

고노 드리퍼의 형태는 리브가 없는 상부와 리브가 있는 하부로 반분하여 설명할 수 있다. 리브가 없는 상부는 필터가 벽면에 밀착되어 공기 통로 생성이 용이하지 못하다. 따라서 낮은 투과력과 높은 여과력이 발생하여 추출이 느리게 일어난다. 그러나 굵은 리브가 있는 하단에서는 공기 통로가 확보되어 높은 투과력과 낮은 여과력이 생기고 이는 결국 빠른 추출로 이어지게 된다. 따라서 고노 드리퍼는 투과력과 여과력을 적당히 분배하려 노력한 흔적이 보이는 드리퍼로 볼 수 있다.

4. 드리퍼별 전용 필터

유체를 여과하여 고체 입자를 제거하는 용도로 개발된 종이 필터는 거칠고 긴 섬유 조직이 서로 뒤엉켜 일정한 압력을 견디는 구조이다. 그 뒤엉킨 섬유 조직이 다공질판 모양을 형성하여 커피가루를 걸러주는 여과기능을 하면서 맛있는 커피 액은 통과시켜 주는 투과 기능도 하게 된다. 섬유 조직이 조밀할수록 집진 효율이 좋게 되어 여과력은 상승하지만 상대적으로 투과율은 낮아진다. 반대로 조직이 성기면 투과율은 상승하고 여과율은 감소한다. 리브와 마찬가지로 필터 역시 투과력과 여과력의 작용이 서로 반대로 일어나기에 둘을 한꺼번에 향상시키기는 힘들다.

드리퍼의 종류별로 그 이름을 딴 전용 필터가 존재한다. 그런데 그 기능을 자세히 들여다보면 필터의 특성이 해당 드리퍼의 특성과 상당히 닮아 있다는 것을 알 수 있다. 칼리타 필터는 고노 필터에 비해 더 조밀하고, 고노 필터는 하리오 필터에 비해 조밀하다. 이러한 필터의 특성이 리브와 유기적으로 반응하여 드리퍼에 따른 맛의 특징이 결정된다.

그렇다고 핸드드립 커피의 맛이 드리퍼와 필터에 따라 전적으로 결정되는 것은 아니다. 물줄기(스트레이트) 드립의 경우, 물을 떨어뜨려 주는 높이에 따른 위치 에너지로 인하여 커피가루 표면으로부터 내부로 물이 뚫고 들어가게 된다. 이로 인해 드리퍼 내부에 격한 난류가 발생하게 되고 내부 기압이 높아진다. 그 상단에 가중시킨 물줄기의 압력으로 인해 커피가루 내부에 수로가 패이게 되고, 그 수로의 역할이 커피 추출에 더 큰 영향을 주는 상황이 발생한다. 결국, 드리퍼와 필터의 영향력보다는 수로의 영향력이 큰 것이다. 그 반면에 신 점드립의 경우에는 비교적 공기 압력이 적게 발생하게 되고 뿌려주는 물의 압력도 적어 수로의 역할이 거의 없고 리브의 공기 통로의 영향을 많이 받는다. 이는 커피 성분의 자연스러운 추출을 유도한다. 드립을 하는 방법에 따라 도구의 이점을 활용할 수도 못할 수도 있는 것이다.

5. 추출구

드리퍼 최하단에 위치하여 커피 액이 추출되는 부위인 추출구는 각 드리퍼 및 전용 필터의 기능에 알맞게 그 크기가 다르다. 다시 말해, 투과력이 큰 드리퍼는 추출구가 크고 여과력이 좋은 드리퍼는 상대적으로 추출구가 작게 설계되어 있다는 것이다. 실제 칼리타, 고노, 하리오 드리퍼의 추출구 크기는 투과력 정도와 비례한다.

6. 드리퍼-필터 조합 응용

결국, 드리퍼의 리브와 필터의 역할, 그리고 추출구의 크기를 이해하면, 처음 사용하게 되는 드리퍼나 필터라 하더라도 어느 정도 맛의 성격을 이해하여 응용이 가능해질 것이다. 원하는 커피 맛을 위한 응용 팁의 예로써 '하리오 드리퍼-고노 필터'의 조합, '고노 드리퍼-하리오 필터'의 조합, '칼리타 드리퍼-고노/하리오 필터'의 조합 등을 들 수 있다.

이 중 칼리타 '드리퍼-고노/하리오 필터' 조합에 의아함을 표시하는 독자가 있을 것이다. 그러나 이는 의외로 간단하다. 고노 또는 하리오 필터의 뾰족한 하단부를 2cm 정도 접은 후 사용하면 다른 드리퍼의 특징적인 맛을 어느 정도 살려주는 것이 가능하다.

13 에센스 성분의 극대화와 에스프레소에의 적용

1. 에스프레소?

최고의 바리스타가 되기를 꿈꾸는 이들이 참가하는 바리스타 대회. 그 경연의 장에서 커피의 질을 평가하는 평가 요소(criteria)가 몇 가지 있다. 그 중 에스프레소의 크레마가 차지하는 비중은 절대적이다. 양질의 크레마는 에스프레소가 추구하는 본연의 맛이 잘 표현된 것을 나타낸다고 볼 수 있다.

크레마가 에스프레소에 주는 영향은 무엇일까? 첫째는 크리미한 거품이 액체의 표면장력을 형성하여 단열층의 역할을 하기에 커피가 빨리 식는 것을 방지한다. 둘째는 앞서 말한 단열층의 역할 덕분에 커피의 맛과 향을 오랫동안 유지시켜 주는 역할을 한다.

크레마는 원두 다공질 벽면에 붙어 있던 에센스 성분, 지방 성분을 포함한 유분, 기체 성분이 짧은 시간에 높은 기압의 물에 반응하여 추출되는 것이다. 이러한 크레마를 확인하는 것만으로도 에스프레소의 질을 알 수 있다.

2. 에스프레소와 원두의 숙성

짧은 시간에 추출되는 에스프레소에는 많은 추출 변수가 존재하지만, 여기서는 숙성 부분만 고려하여 다루려 한다.

원두 숙성의 정도는 크레마의 지속성과 밀접한 관계를 보인다. 숙성이 부족할 경우 생각 외로 크레마가 많이 나오는 것을 볼 수 있다. 그러나 자세히 관찰해 보면 크기가 일정하지 않은 거품이 거칠게 추출되고 성분이 안정화되지 않아 그 지속성이 약하다. 또한, 점성이 부족하여 거친 맛이 표현되고, 바디감이 부족한 에스프레소가 만들어진다.

그렇다 하여 과한 숙성으로 산패에 접어든 원두를 사용하는 것 역시 권하지 않는다. 이러한 원두는 원두 내부에 잔존하는 이산화탄소의 부족으로 에센스 성분이 과소 추출될 우려가 있다. 또한, 원두 섬유 조직이 약해져 있기에 섬유소 성분이 과다 추출이 되어 부정적인 맛을 형성할 수 있다.

숙성과 추출을 고려한 로스팅과 잘 숙성시킨 원두를 사용하여 에스프레소를 만들어 보라. 그러한 에스프레소는 높은 점성과 부드러운 맛을 자랑한다. 또한, 그 크레마는 크리미한 거품 층이 빈틈없이 자리하여 좋은 맛과 향이 깊고 풍부하다. 바디감 역시 에스프레소의 깊고 오랜 여운을 느끼게 도와준다.

이러한 긍정적인 에스프레소의 맛을 가능케 해주는 것은 무엇일까? 여러 차례 언급한 종의 맛(에센스)이 숙성 과정을 통해 안정되고 점차 깊고 풍부한 맛과 함께 높은 점성을 가지게 된다. 그에 반해 횡의 맛(섬유소)은 시간이 지나면서 조직이 가수분해되어 점차 약해진다. 본래 물과 반응하는 시간에 주로 영향을 많이 받던 섬유소 성질이 높은 온도의 물에도 영향을 많이 받는 상태가 된다. 따라서 여기에서 필요한 것은 원두 조직의 조밀도와 경도를 배가시키는 노력이다. 이는 '좋은 로스팅'과 관련된 글에서 이미 언급하였다. 그러한 노력을 통해 원두 산패의 시점을 늦춰줌과 동시에 충분히 숙성된 에센스 성분을 뽑아낼 수 있는 조건이 완성된다.

3. 크레마 실험

- **실험 1 : 양질의 크레마가 형성된 에스프레소 한 잔을 데미타세 잔에 담았다. 지속성이 강한 크레마 층이 1시간이 넘도록 없어지지 않고 남아 있었다.**
- **실험 2 : 양질의 크레마가 형성된 에스프레소 한 잔을 데미타세 잔에 담고 그 크레마 층에 1~2mm 정도의 굵은 설탕을 뿌려 보았다. 뿌린 설탕은 크레마 아래로 가라앉지 않았다. 완전히 녹아 사라질 때까지 크레마 층에서만 남아 있었다.**

위 두 실험은 모두 양질의 에스프레소에 제대로 형성된 크레마가 얼마나 제 역할을 할 수 있는지에 대한 것이다. 실험 1은 크레마의 지속 시간을 관찰한 것이다. 제대로 추출한 에스프레소의 크레마는 1시간이 넘도록 남아 커피의 향미를 보존하는 데에 큰 역할을 하고 있는 것을 볼 수 있다. 실험 2는 양질의 크레마가 갖는 밀도와 점성에 대한 것이다. 꽤 굵은 설탕이기에 크레마 층을 뚫고 들어갈 수도 있을 것이라 예상되었으나, 크레마가 형성하고 있는 고점성 고밀도 층의 힘이 매우 강하였다는 것을 알 수 있다. 이 역시 에스프레소의 맛에 긍정적인 역할을 한다.

4. 에스프레소와 아메리카노

에스프레소의 맛과 아메리카노의 맛은 그 상관관계가 매우 뚜렷하다. 제대로 진하게 추출하여 희석시킨 아메리카노는 에스프레소만큼이나 좋은 맛을 얻을 수 있었다. 이는 희석된 물에 의해 농도는 옅어지나 근본적인 맛과 향은 변함이 없기 때문이다.

14 더치 커피를 '잘' 먹어보자

1. 더치의 추출의 중요 원리 중 일부 공개

1) 더치 추출은 원리에 충실해야 하는 것

훌륭한 더치 커피를 먹고 싶다면 다음의 단계를 꼭 거쳐라. 첫째, 선호하는 생두를 선별하라. 둘째, 잘 로스팅하라. 셋째, 충분한 숙성 과정을 거친 원두를 사용하라. 넷째, 섬유소에서 오는 텁텁한 맛이나 케케묵은 잡맛을 최소화하는 최적의 추출 방법을 사용하라. 이상의 단계를 잘 이행한다면 와인에 비견되는 맛과 향을 지닌 더치 커피를 만들어 즐길 수 있을 것이다. 여기서 '최적의 추출 방법'이란 무엇일까? 바로 계속해서 이야기 했던 추출 원리를 응용하는 것을 의미한다.

필자는 더치 원액을 추출하기 위해 원두 130g을 사용한다. 그리하여 총 500ml를 추출해낸다. 마셔본 많은 이들이 브랜디 또는 꼬냑에 비교할 만큼 맛이 뛰어나다고 한다. 포도주, 즉 와인을 증류하면 보드카와 같은 증류주가 만들어지며, 이를 숙성시키면 브랜디가 된다. '꼬냑'이라는 말로 많이 불리는 이유는 브랜디의 대부분이 프랑스 꼬냑 지방에서 생산되기 때문이다. 필자의 더치 원액이 이와 같은 명품 브랜디에 비견

되는 이유는 에스프레소의 진하기에 에센스 성분의 극대화, 섬유소 성분의 최소화를 추구하였기 때문이다. 마치 신 점드립처럼 말이다. 따라서 원액만을 음미하여도 거부감이 들지 않는 부드럽고 진한 원액이 완성된다.

이러한 더치 커피를 완성하면서 깨닫게 된 사실은, 신기하게도 필자의 더치 커피와 신 점드립 커피가 서로 유사한 맛을 지녔다는 것이었다. 이는 어찌보면 추출의 원리를 통해 추론하였을 때 당연한 이야기이도 하지만 말이다. 추출 기구와 방법만 다를 뿐, 원료가 같으면 커피 본연의 맛을 이끌어내는 원리에 맞는 완벽한 추출을 통해 에센스(essence)가 추출되는 것이다. 그 맛의 성격만 조금 다를 뿐이다.

2) 더치의 뜸

섬유소 맛을 최소화하고 에센스 성분을 극대화하기 위해 무엇보다 중요한 부분이 '뜸'이다. 이는 가용 성분의 원활한 추출을 가능하게 도와주기 때문이다.

<뜸들기 전의 사진 : 높이 6.5cm>

<뜸들어 부푼 사진 : 높이 9.5cm〉

원두와 원두 사이는 계면활성화에 의해 발생한 작은 기포가 자리한다. 그리하여 적재된 원두의 부피가 증가하게 되고 잡맛의 원인이 되는 물에 의한 잠김 현상을 최소화하게 된다. 또한, 추출 도중에도 상기 언급된 상태를 유지하여 가용 성분의 추출 수율을 극대화한다.

2. 더치 원액의 보관

잘 만든 더치 커피는 와인처럼 깊고 풍부한 향미에 부드럽고 깔끔한 느낌이라는 매력을 소유하게 된다. 문제는 약산성(pH5) 성분인 더치 커피는 공기에 노출됨과 동시에 맛 변화가 급격히 진행된다는 점이다. 그러므로 올바른 밀봉 및 보관 방법을 적용시켜 오랫동안 신선하고 맛있게 음용할 수 있는 지혜가 필요하다. 때로는 오랫동안 '산화'되어 신맛이 강렬해진 더치 원액을 '숙성'이라는 말로 포장하는 경우가 있다. 그러나 이는 바르지 못한 정보라고 볼 수 있다.

먼저 더치 커피 이외의 기타 숙성 음료의 경우들을 살펴보자.

위스키나 와인 등의 주류에 이용되는 숙성 방법을 생각해보라. 참나무로 만든 양조용 오크통을 이용하는 것이 대표적이다. 오크통에서 장기간 숙성된 내용물이 병에 담기어 밀봉되면, 그 순간부터는 더는 숙성으로 간주되지 않는다.

와인은 어떨까? 병을 닫아주는 코르크 마개의 역할이 크다. 마개 내부에는 미세한 공간이 존재하여 그것을 통한 매우 적은 양의 산소 유입으로 오랜 시간에 걸쳐 천천히 산화된다. 이를 보고 좋은 의미로 숙성이라고 일컫는다.

병에 밀봉된 더치 원액은 밀봉과 보관 방법에 따라 진행 속도는 다르지만 단순히 산화되는 것이지 숙성이라고 말할 수 없다. 주류와 더치 원액이 다른 점은 무엇일까? 위스키나 와인은 알코올 성분으로 인해 내용물의 변화가 미미하지만 더치 원액은 우선 긴 시간 추출 과정에서 유입된 미생물이 많다. 이 미생물들이 원액이 함유하고 있는 양분과 추출 과정 중에 공기 중에 존재하는 산소, 그리고 더치 원액 보관하는 병 안에 유입된 산소와 반응하여 산화가 일어나게 된다. 여기서 더치 원액 보관하는 병 속에 산소가 유입되는 원인은 여유 공간이 있는 상태로 밀봉되는 것에 있다.

간혹 며칠 지난 더치에서 향상된 맛을 느끼는 경우가 있다. 이는 숙성이 부족한 더치가 산화되어 가는 도중에 밸런스가 좋은 타이밍을 겪기 때문이다. 그러나 그 타이밍의 지속 기간은 매우 짧다.

더치 원액은 추출됨과 동시에 공기 중의 산소에 노출되어 산화되어 간다. 그렇기에 바로 밀봉 보관되어야 한다. 그러나 바르지 못한 밀봉과 보관으로 더치 원액의 수명을 단축시키는 경우를 자주 보게 된다. 그와 관련한 팁을 제공하려 한다.

1) 밀봉 방법

밀봉의 의의는 산소와의 접촉을 최소화하는 것에 있다. 이는 병에 더치 원액을 담는 순간 결정된다. 결론부터 이야기하자면, 병 주둥이 부분에 유입된 산소를 제거하는 작업이 필요하다. 이는 단순하면서도 약간의 요령이 필요하다. 그러나 겁먹지 말자. 누구나 할 수 있다.

더치를 병으로 옮길 때 약간 출렁이게 담아라. 그러면 더치 원액에 녹아 있는 가스 성분들이 작은 거품을 발생시킨다. 그렇게 발생된 거품들이 차오르면서 병 주둥이 부분의 공간을 차지하게 된다. 그럼으로써 해당 여유 공간의 산소를 밀어내게 된다. 이때 재빨리 마개로 밀봉해야 한다. 이후 거품이 가라앉으며 공간이 아주 작게 형성되겠지만, 산소가 거의 남아 있지 않은 진공 상태에 가깝다고 볼 수 있다.

〈더치 병 주둥이 부분에 거품을 일으킨 후 밀봉한 모습〉

2) 보관 방법

더치 원액을 급랭시켜 보관하지 않는 이상 완벽한 보존은 없다고 볼 수 있다. 확실하다고 여겨지는 밀봉이라 하더라도 추출 과정 중 유입되는 미생물과 산소가 자체 양분에 반응하기 때문이다. 그나마 팁을 하나 주자면, 농도가 높은 더치 원액은 낮은 더치 원액에 비해 산화되는 속도가 더디다는 점이다. 그 외의 보관의 가능성은 최선의 노력을 통해 가능하다.

(1) 빨리 먹자

아무리 완벽한 밀봉으로 무장한 더치 원액이라도 개봉과 함께 여러 번에 걸쳐 음용되면 절대 산화를 피할 수 없다. 잦은 개폐로 인해 유입된 산소는 원액의 빠른 산화를 유도한다. 자주 열어 마실수록 소진시키는 커피 용량이 많아지고, 결국 더 넓어진 공간만큼 유입된 산소량도 많아진다. 결국, 산화 속도 역시 가속화된다는 점 알아두자. 결국, 신맛이 강해지고 새콤하다기보다는 시큼한 맛으로 변하게 된다. 더 나아가 케케묵은 맛과 향이 결합되어 변질되고, 심하면 곰팡이까지 생긴다. 때론 "이 커피는 상한 것이 아니다. 그저 조금 산화된 것일 뿐이다."라며 마시지 못할 더치 커피는 없다고 말하는 이들도 있다. 그러나 과하게 산화되어 불쾌한 맛이 난다면, 그것은 결국 마시기 힘든 상태이고, 그 맛을 소비자들은 알고 있다는 것이 문제이다. 맛에서 불쾌감을 느낀 소비자들은 커피숍에서 발을 떼게 된다.

(2) 빛에 노출시키지 말자

원두 또는 더치 보관 시, 빛에 노출되는 것을 피해야 한다. 이유는 직사광선이 내용물 안에 활성산소를 발생시켜 산화를 촉진시키기 때문이다. 단 전기에 의한 빛은 해당되지 않는다. 그것은 내용물의 온도에 영향을 미치는 높은 온도가 아닌 이상 영향이 없다. 단지 햇빛을 피하라는 말일 뿐이다.

(3) 보관 용기

맛과 향이 용기에 영향을 받지 않아야 한다. 그리고 온도 유지에 적합해야 한다. 또한, 재사용이 가능하면 더 좋겠다. 따라서 이는 유리 용기가 가장 적합하다고 본다.

(4) 옮겨 담기 (큰 병 → 작은 병)

가장 많이 사용하는 유리병은 500ml 용량의 것이다. 500ml 유리병과 함께 더 작은 용량(250ml)의 유리병 역시 구비하는 것을 추천한다. 그리하여 500ml의 더치 원액 중 절반을 소진하고 나면 작은 병으로 옮겨 담아라.

와인 마니아들이 마시고 남은 와인을 보관하는 방법 중에 그 음용 가능 기간을 늘리는 방법이 있다. 그것을 더치 커피 보관에 적용해보자. 진공 펌프와 질소 충전 스프레이를 이용하는 방법이다. 의외로 간편하다.

(5) 진공 펌프 이용

① 진공 마개를 끼운 상태에서 손 펌프를 사용하여 병 속의 공기를 빼내어 진공 상태로 만들어준다.

② 냉장 보관한다.

진공마개와 펌프는 분리되어 있다. 어지간한 유리병에 다 사용 가능하다. 기존의 마개는 필요 없으며 진공 마개가 기존의 마개를 대신한다. 대신 용기 내부가 진공 상태이기에 충격에 주의해야 한다.

(6) **질소 충전 스프레이 이용**

질소 충전 스프레이를 병 속에 뿌려주어 공기와 질소를 치환한 후 밀봉하여 냉장 보관한다. 굉장히 간편한 방법이다. 이산화탄소나 질소는 무색, 무취, 무미의 비활성 가스이다. 질소는 공기보다 무겁기 때문에 병 내부에 주입하면 원래 있던 공기를 밀어내고 입구까지의 공간을 질소가 대신 차지하게 된다. 이 방법의 문제는, 효과는 크지만 다소 번거롭고 구비해야 할 물품의 비용 부담이 있다는 점이다. 또한, 질소의 경우 지속적인 비용 부담이 따른다는 단점이 있다.

3. 더치 원액의 소모

앞에서 언급한 장비, 소모품, 노력에 대한 열정, 의향 등이 전혀 없다면, 방법은 열심히 마시는 것뿐이다. 그러나 진한 더치 원액을 계속 들이킨다는 것은 어지간한 마니아가 아닌 이상 쉽지 않을 터. 기왕이면 더더욱 맛있고 화려하게 즐길 수 있는 방법을 제시하겠다.

1) 더치 에스프레소

에스프레소 분량 정도의 더치 원액에 얼음을 1알 띄운다. 그렇게 아이스로 마신다. 또는 동량의 더치 원액을 전자레인지로 데운 후 음용해도 맛있다.

2) 더치 커피

소량의 더치 원액을 전자레인지를 사용하여 데운다. 그냥 차가운 더치를 사용해도 되지만 데우면 맛과 향이 더 살아난다. 데운 더치 위에 뜨거운 물을 붓는다. 원액에 뜨거운 물을 희석하는 것이 반대의 순서에 비해 확산이 잘 이루어져 맛과 향이 우수하다.

3) 더치 아이스

아이스커피잔에 얼음을 가득 채운다. 그리고 잔에 찬물을 담아준다. 기호에 따라 적당량의 더치 원액을 희석한다. 찬물에서의 확산은 잘 일어나질 않는다. 더군다나 더치 원액의 질량은 물보다 무겁기 때문에 원액을 마지막으로 희석하여 저어주면서 마시는 것을 권한다.

4) 더치 아포가또

일반 떠먹는 아이스크림을 준비한다. 1~2 스쿱의 아이스크림을 약간 오목한 형태의 접시 또는 그릇에 담고 그 위에 더치 원액을 적당량 얹어준다. 이때 더치 원액의 온도는 기호에 따라 차가워도 좋고 뜨거워도 좋다.

5) 더치 빙수

과일을 이용하지 않은 각종 빙수에 적당량의 더치 원액을 뿌려주면 다크 초콜릿 같은 진하고 부드러운 맛과 함께 재료의 맛이 조화되어 표현된다. 과일을 사용하는 것은 권하지 않는다. 과일의 산미가 더치 원액의 산미와 더불어 신맛이 강조되어 버리고 결국 더치 고유의 맛을 빼앗아갈 우려가 있기 때문이다.

6) 더치 아메리카노

일반 아메리카노 커피를 준비한다. 거기에 더치 원액을 소량 혼합한다. 이렇게 하면 맛과 향이 더욱 풍부해지고 부드러워진다.

7) 성인을 위한 활용

주류를 이용하여 각종 칵테일 음료로 탄생시킬 수 있다. 예를 들어 맥주에 희석하면 흑맥주의 풍취와 색을 느낄 수 있다. 또한, 소주에 희석할 경우, 알코올 냄새를 감춰주고 와인과 같은 은은한 향이 감미롭게 올라온다. 또한, 목 넘김이 부드러워져 여느 칵테일이 부럽지 않다.

이와 같은 더치 커피의 음용 방법 중 일반인들이 손쉽게 이용할 만한 레시피는 "커피 음료와 베이커리 내 손으로 만들기" 챕터에서 더 자세히 다루도록 하겠다.

15 신 점드립 에센스 보관하기

신 점드립으로 추출한 에센스 원액, 그 추출 과정이 생각보다 힘들기에 대량 생산의 유혹을 떨쳐버리기 힘들다. 그런 '한 방 생산'을 꿈꾸는 이들을 위한 신 점드립 에센스 보관 방법을 공개한다.

기호에 맞게 신 점드립을 구사하여 에센스를 추출한다. 그리고 그것을 적당한 병에 담는다. 식어 가면서 달아나기 마련인 휘발성 향기와 맛을 최소화시키기 위해 얼음을 채운 볼(bowl)에 병을 묻은 후 추출된 에센스를 담아준다. 이는 빠른 냉각을 위한 수단이다. 참고로 농도가 진한 원액일수록 달아나는 맛과 향은 최소화된다. 더치 원액의 보관 방법을 활용하여 밀봉하고 냉장 보관한다. 고온의 물을 사용하여 추출된 원액은 자연스럽게 저온 살균된 상태이다. 물의 끓는점인 섭씨 100도를 기준으로 그 이하는 저온 살균, 그 이상은 고온 살균이라 한다. 저온 살균은 부분적인 살균인데, 발육형의 균체는 열에 취약하여 쉽게 죽지만 포자는 죽지 않고 남아 발육형으로 발아한다. 이것이 바른 밀봉과 보관이 중시되는 이유이다.

보관하는 방법은 더치 원액의 그것과 같다. 신 점드립의 에센스는 숙성 과정이나 추출 과정 중에 유입되거나 발생하는 부패균 및 변패균이 드립에 의해 1차 살균되어 보관 기간이 길어지고 산화 속도가 더디다는 특징이 있다. 더치 원액을 보관했던 용기는 변패균이나 삼폐균이 남아 있기에 신 점드립 에센스 보관용으로 쓸 경우에는 반드시 살균 세척을 해야 한다는 점도 기억해 두자.

16 ▸ 커피의 모든 것은 연결되어 있다

1.생두=로스팅=숙성=추출

생두, 로스팅, 숙성, 추출에 대한 이해는 각각 따로 이루어져서는 안 된다. 이들은 상호 간에 유기적으로 연결되어 있다는 사실을 반드시 기억하자. 그렇다면 어떤 면에서 연결이 되어 있는 것일까?

커피나무에 대해 생각해 보자. 커피나무가 자라는 지대가 어떤 곳인가에 따라 생두의 비중이 차이가 난다. 높은 지대에서 자란 생두는 낮은 지대에서 자란 생두에 비해 상대적으로 맛과 향이 우수하다. 또한, 이들은 조직이 치밀하고 단단하여 로스팅을 진행할 때 고온에 잘 견디는 구조적 특징을 가진다. 이러한 생두를 볶아 원두를 만들고, 그 원두를 숙성시킨 후, 그 숙성 원두로 커피를 추출해 보자. 이렇게 추출한 커피는 부정적인 커피 맛의 원인이라 할 수 있는 섬유소 추출이 최소화된다. 따라서 커피 본연의 맛을 제대로 즐길 수 있게 된다.

2. 생두에 대하여

시중에 유통되고 있는 생두는 어떤 것들일까? 현재 우리가 마시는 대부분의 커피 생두인 아라비카종 콩은 약간의 차이를 보이기는 하지만 대부분 질이 좋다. 풍부한 맛과 향이 각각의 생두가 가지고 있는 개성과 어우러져 있다. 조금은 등급이 낮은 생두라 하더라도 로스팅을 통해 조직상의 단점을 보완하고 그 개성은 살려 숙성시켜야 한다. 그 이후에 중요한 것은 올바른 추출일 것이다. 이러한 조건만 충족된다면 일반적인 커머셜 커피만으로도 언제든 가격 대비 매우 훌륭한 한 잔의 커피를 마실 수 있는 것이다.

최근 들어 스페셜티 커피가 커피 마니아층에 많이 보급되면서 일반인들에게도 알려지고 있다. 이러한 스페셜티 커피는 커머셜 커피에 비해 높은 가격에 거래가 되고 있는데 일부는 품질 대비 너무 높은 가격에 팔리고 있다고 볼 수 있기도 하다.

우리가 생각해야 할 것은 그 커피의 '고급성'이라기보다는 그 커피를 '어떻게 마시고 있느냐'이다. 값비싼 생두를 사놓고 제대로된 방법으로 볶지 못한다면, 차라리 커머셜 커피가 낫다. 그리고 숙성과 추출마저 바르지 못하다면 그것은 본연의 커피 맛을 즐기지 못하는 것이 될 것이다. 그저 카페인의 맛에서 만족감을 느끼는 것뿐이다.

종종 주변 사람들이 이런 말을 하곤 한다. "와! 이게 그 귀한 스페셜티 커피인가요? 비싼 만큼 맛있겠죠?" 사실 이러한 말 속에는 명품이라고 알려져 있는 물건에 대하여 가지기 마련인 '판타지'가 내재되어 있다. 즉 공급자가 주도하는 상업성이 영향력을 발휘한 것이다. 커피가 아직 일반화되지 않았던 수년 전, 유명 체인점의 비싼 커피가 맛있다는 환상이 분명 존재했다. 그러나 이후에 커피가 보편화되면서 반드시 그렇지만은 않다는 것을 알게 된 이들이 많아졌다. 그렇듯 생두에 관해서 역시 높은 등급의 생두만을 고집하는 것 역시 차후에 환상이 깨지는 것을 경험하기 쉽다. 스페셜티 커피 생두와 관련된 각종 자료만을 믿고 그 품질을 판단하기보다는 올바른 로스팅과 숙성, 그리고 제대로 된 추출을 함으로써 정확한 생두 평가 능력을 기를 필요가 있다. 이는 고급 커피를 평가절하하려 함이 아니다. 커피의 질 고저(高低)에 대한 편견 없이 솔직하고 객관적인 맛의 평가가 필요함을 역설하는 것이다.

실제로 양질의 생두를 고를 때에 스페셜티 생두를 선택하는 것이 실패확률을 낮추는 바람직한 방법이긴 하다. 그러나 생각 외로 커머셜 생두의 커피 맛이 스페셜티 커피 생두의 그것보다 우수한 경우도 많다는 것을 기억하길 바란다.

3. 로스팅에 대하여

1) 기호음료 = 로스팅의 Trick?

커피는 '기호음료'라는 생각에 "내가 내려 주는 개성 있는 커피의 맛을 좋아하는 사람은 나에게로 오고, 그 개성에 공감하지 못하는 사람은 나를 떠나라."라는 마인드로 커피를 공유하는 경우를 종종 발견한다. 이러한 사고과정으로 인해 짧은 경력을 가지고서도 자신만의 개성을 찾는 로스팅을 시도하는 경우를 많이 찾을 수 있다. 이에 따라 커피의 품질의 다양성, 원산지, 가공 방식에 의한 커피 맛의 분류보다는 로스팅의 배전도에 따라 커피 맛의 종류가 나뉘고 있는 생각과 경험을 하게 된다. 취미 삼아 나만을 위한 커피를 내리는 경우라면 몰라도 다수를 위하거나 판매를 목적으로 할 때에는 더 많은 소비자의 요구에 부응하기 위해서라도 객관적이며 보편적인 맛과 향미 평가와 함께 원두가 가지고 있는 개성까지 살리는 로스팅을 실시하여 커피 본연의 맛을 찾아야 한다.

2) 좋은 로스팅

좋은 로스팅에 대해 간략하게 이야기하겠다. 좋은 로스팅을 위해서는 많은 지식과 기술, 경험이 필요하다. 그렇기에 한두 문단의 내용으로 모든 것을 표현하기는 어렵다고 말할 수 있다. 그러나 최대한 집약적으로 소개하려 한다.

반열풍식 배전기를 예로 들어보자. 생두는 로스팅이 될 때 고온의 열에 노출되어 원두 내부에 있던 수분이 팽창하게 된다. 이에 따라 부피가 팽창되고 동시에 조직이 파괴되어 결집력이 약해진다. 여기에서 잠시 로스팅에 이용되는 열에 대하여 먼저 이야기를 꺼내야 하겠다.

열에는 전도열(달궈진 드럼의 열에 직접적으로 원두가 닿는 것), 대류열(드럼 내부의 뜨거운 공기 순환), 복사열(전도열과 대류열에 의해 원두 내부에 축적되는 열)이 있다. 달구어진 드럼에 의해 원두는 앞서 언급한 전도열과 대류열에 노출된다. 이렇게 열의 전도열과 대류열에 노출된 원두는 일시적으로 열 공급원인 가스 불을 줄이거나 끄더라도 드럼에 축적된 열에 의해 일정 시간 동안은 기존의 가스 열의 영향을 받게 된다.

따라서 가스 불은 껐지만 로스팅은 한동안 계속 추가적으로 진행되는 것이다.

이러한 이유 때문에 열의 전달과 컨트롤은 열원을 바탕으로 댐퍼에 의존하는 것이 원두 상태에 맞춰 즉각적으로 대처하는 방법이라고 할 수 있다. 댐퍼는 로스팅에서 연소에 필요한 산소량을 조절하고 드럼 내부에 존재하는 열의 양을 조절하는 기능을 한다.

또한, 수분이나 연기, 채프 등을 배출하기도 한다. 열원으로 인해 달궈진 드럼 내부의 전도열과 대류열은 원두에 전달되어 축적되고 원두 내부의 수분을 팽창시켜 압력을 증가시킨다. 이로 인해 원두 밖으로 내뿜으려는 복사열이 발생한다. 이때 댐퍼를 이용하여 대류열을 증가시켜 원두의 안과 밖에서 서로 미는 힘이 형성된다. 이를 통해 원두에서 방출하는 에너지와 흡입되는 에너지의 균형을 형성시켜 원두 조직의 결집력을 강화시킬 수 있다. 이는 1차 팝과 2차 팝의 진행 과정에서 더 크게 작용할 수 있다.

따라서 조직이 무르거나 응집력이 부족한 생두라도 어느 정도는 그 단점을 로스팅을 통해 보완할 수 있으며, 강력한 쿨링을 통해 그 효과는 더 커질 수 있다.

4. 커피의 평가

커피를 평가하는 방법을 알고 있는가? 대부분 '커핑(Cupping)'이라는 대답을 할 것이다. 그러나 커피는 단순한 생두 또는 원두의 평가일 뿐이다. 커피는 '완성된 한 잔의 커피'로 평가되어야 한다.

예를 들어 위스키나 와인, 차, 음료 등의 음료수들을 살펴보자. 모두 완성된 품목을 평가한다. 그 재료를 평가하여 최종 산물인 상기의 물품들의 품질을 결론짓지 않는다. 특히 위스키나 와인, 발효차 등의 숙성 과정이 필요한 음료는 미숙성 상태에서 평가하는 것은 무의미하다.

그렇다면 '완성된 한 잔의 커피'로 커피 맛을 평가한다는 것은 무엇을 의미할까? "이 커피의 생두는 좋은 품질의 것인가? 그 생두는 제대로 로스팅 되었는가? 올바른 숙성 과정을 거쳤는가?"의 세 가지 질문에 의미 있는 답변을 내리기 위해서 필요한 전제 조건은, '커피 에센스 본연의 맛을 추출할 수 있는 추출 방법을 사용하는 것'이다. 그 추출 방법이 바로 '신 점드립'이다.

5. 신 점드립으로 원두 평가하기

이제 여기서 신 점드립으로 원두를 평가하는 방법을 공유하고자 한다. 아래의 단계를 따라보자.

뜸 → 대기 시간 30초 동안 관찰 및 평가 → 1차 스윙 → 대기하며 관찰 및 평가

1) 뜸 이후의 대기 시간 30초

배전도, 숙성도, 분쇄도에 대하여 관찰하고 해당 항목에 대하여 평가를 내린다.

2) 1차 스윙 이후의 대기 시간

1차 스윙으로 소량의 커피 에센스를 추출 직후 드리퍼에 담겨 있는 원두 가루를 관찰해 보자. 시간이 지나면서 상단 표면의 가운데 부분이 차츰 드리퍼 하단을 향해 푹 꺼져 내려가는 것을 볼 수 있다. 그 시점이 1차 스윙을 끝낸 후 몇 초 뒤인지를 비교해 보아야 한다. 짧으면 불과 몇 초, 길게는 1분 가까이 지난 후에 무너지는 것을 알 수 있을 것이다.

이를 통해서 알 수 있는 것은 무엇일까? 조밀도와 경도가 높아 결집력이 '좋은 생두', 원래의 생두 품질은 다소 떨어지더라도 로스팅을 통해 단점이 '보완된 원두', 그리고 원두 가루 사이의 거품이 사라지더라도 원두모양을 이루는 섬유 조직이 무너지지 않고 뜨거운 물에 의한 가수분해가 덜 진행되어 오랫동안 유지되는 '숙성 기간이 짧은 원두'는 가운데가 꺼지는 현상이 천천히 일어난다. 그에 반해 조밀도 및 경도가 낮거나, 로스팅의 보완 기능이 제대로 발휘되지 않았거나, 숙성 기간이 긴 원두일 경우 시간에 의해 거품이 꺼지면서 약해진 섬유 조직이 급격히 무너져 내리게 된다. 빨리 무너져 내리는 원두일수록 섬유소의 부정적인 맛이 과다 추출되는 것이다. 이 책을 통하여 배운 지식들을 활용하여 이런한 현상들을 살피고 관찰하며 한잔의 커피를 완성한 후 평가해 보자.

6. 좋은 커피의 맛

1) 신맛

다른 맛에 비해 심리적인 요소가 많이 작용하는데, 이는 음식에 대한 평소 습관이나 기호가 미각을 지배하게 되는 것을 의미한다. 정서적인 맛이라고 할 수 있다. 신맛에 단맛이 더해지면 새콤함, 상큼함이 된다.

2) 단맛

누구나 맛있다고 느끼며 신맛, 쓴맛에 대한 억제작용이 있다. 즉 부정적인 맛을 줄여주는 작용을 한다. 신맛과 쓴맛에 단맛을 추가하여 보다 풍부한 맛과 향미를 느낄 수 있다. 다른 맛에서는 맛있다고 느끼는 농도의 폭이 한정되어 있지만, 단맛은 그 폭이 상대적으로 크다.

3) 쓴맛

3가지 맛 중에서 가장 친근해지기 어려운 맛이다. 경험과 반복 학습 효과로 인해 적응하는 경우가 많다. 앞서 언급한 것처럼 단맛에 의해 약화될 수 있다. 쓴맛에 단맛이 더해지면 달콤해지는 것이다.

4) 좋은 커피 = 신맛, 단맛, 쓴맛 등이 균형을 이루는 커피

커피와 함께 많이 음용되는 기호음료인 차(茶)를 살펴보자. 역시나 맛의 기준은 단맛이다. 매일 같이 섭취하는 쌀이나 육류에서도 맛있다는 표현의 기준은 단맛이다. 프랜차이즈 커피 전문점에서 가장 선호되는 메뉴들조차 달달한 것들이다. 카페인에 어느 정도 중독되어 있는 커피 마니아들은 과도한 신맛이나 쓴맛을 나름 개성으로서 받아들이고 선호하는 경향이 있지만, 대부분의 일반인들은 과한 신맛이나 쓴맛을 극도로 기피하는 경향이 있다. 커피의 기호는 사람마다 다르고, 마시면 마실수록 변하기도 하지만, 실제 큰 변화 폭을 보이지는 않는다. 단맛이 중심이 된 커피는 균형감이 자연스러운 커피이다. 이러한 사실을 인지하고 생두의 특성을 살려주는 로스팅과 함께 올바른 숙성 및 추출이 이루어져야 한다.

5) 식어도 맛있는 커피

뜨거운 커피는 혀에 통증으로 작용한다. 이는 커피의 부정적인 맛을 감추어 주는 작용을 하게 된다. 따라서 맛있는 커피이건 맛이 덜한 커피

이건 그 구분이 처음에는 쉽지 않다. 그러나 커피가 점차 식어가면서 그 부정적인 맛이 선명하게 드러나게 된다. 따라서 식었을 때에도 맛있는 커피가 더 맛있는 커피라고 볼 수 있다.

6) 양질의 생두, 로스팅, 숙성, 추출이 갖춰진 커피

커피가 가지는 본연의 맛인 에센스(essence)는 숙성을 통해 그 맛이 깊고 풍부해진다. 반대로 섬유소 성분은 시간이 지날수록 조직이 약화되어 보다 쉽게 분해 및 추출된다. 이는 수용성 성분으로서 에센스의 맛에 부정적인 영향을 준다. 따라서 조직이 치밀하고 결집력이 좋은 생두를 사용해야 한다. 그리고 배전 과정에서는 전도열, 대류열, 복사열의 컨트롤을 통해 생두의 결집력, 조밀도, 경도를 강화시켜야 한다. 숙성 과정에서는 섬유소 조직의 분해를 최대한 지연시켜 섬유소에서 오는 산패된 맛이 에센스의 맛에 주는 영향을 최소화시켜야 한다. 이는 추출 과정에서 신 점드립을 사용하여 물과 반응하여 허물어지는 섬유소 성분의 추출 수율을 감소시켜 보다 커피 본연의 맛을 극대화시킬 수 있다.

17 커피 음료와 베이커리 내 손으로 만들기

1. 아이스 더치, 핫 더치, 더치 아포가토

최근 더치 커피가 많은 인기를 누리고 있다. 다수의 커피숍에서 더치 커피를 직접 만들어 판매 중이고, 소비자들도 이를 즐기는 경우가 조금씩 늘어나고 있다. 어떤 더치 커피를 먹는 것이 더 좋은 선택인지에 대한 것이라기보다는 어떻게 더치 커피를 마실 수 있는지, 원액을 섞는 방법에 대해서만 안내해 주고자 한다.

일반 커피숍에서 판매하는 더치 커피 원액 1병을 준비하자. 이 원액으로 시원한 더치 또는 뜨거운 더치 커피를 만들어 먹는 방법을 살펴보도록 한다. 더불어 달콤한 커피우유 같으면서도 그와는 비교도 안 될 정도로 고급스러운 간식인 더치 아포가토 만드는 법도 배워보자.

1) 아이스 더치

■ 준비물

1. 더치 커피 원액 1병
2. 약간 큰 용량의 컵(약 300ml 내외)
3. 컵에 가득 채울 만큼의 각얼음
4. 차가운 물, 계량컵

① 컵에 각얼음을 가득 채운다.

② 각얼음을 가득 채운 컵에 차가운 물을 붓되, 꽉 채우지는 말고 2cm 정도 깊이만 남겨 놓는다.

③ 차가운 더치 커피 원액 30~40ml를 계량컵으로 계량한다.

④ 얼음과 물이 담겨 있던 종전의 컵에 계량컵의 더치 원액을 붓는다.

⑤ 막대로 저어 혼합한다.

⑥ 완성

2) 핫 더치

■ 준비물

1. 더치 커피 원액 1병
2. 일반 커피잔(약 200ml 용량)
3. 전자레인지
4. 물을 끓일 수 있는 도구(커피 포트 등)
5. 더치 원액을 따로 담을 만한 작은 잔(데미타세 등)

① 커피포트로 커피 한 잔 분량의 물을 끓인다.

② 물이 거의 다 끓을 때쯤 더치 커피 원액 30ml를 계량한다.

③ 계량한 더치 원액을 데미타세 잔에 담은 후 전자레인지에 30초 데운다.

④ 끓은 물을 준비된 일반 커피잔에 거의 가득 채워 붓는다.

⑤ 전제레인지에 데웠던 더치 원액을 물을 담아 놓았던 커피잔에 부어 혼합시킨다.

⑥ 완성

3) 더치 아포가토

■ 준비물

1. 더치 커피 원액 1병
2. 전자레인지
3. 작은 유리 또는 사기 잔
4. 약간 오목한 접시 또는 그릇
5. 아이스크림
6. 아이스크림 스쿠퍼

① 아이스크림 스쿠퍼를 이용하여 아이스크림 두세 덩어리를 접시 또는 그릇에 덜어 놓는다.

② 더치 커피 30ml 정도를 작은 유리잔 또는 사기 잔에 담아 전자레인지에 30초 돌린다.

③ 접시 또는 그릇에 담아 놓았던 아이스크림에 데운 더치 커피를 뿌려준다.

④ 완성

앞에서 제시한 더치 커피 혼합량과 비율은 제조한 커피 원액의 에센스량과 개인의 취향에 따라 조금씩 변할 수 있다. 입맛에 맞게 만들어 먹어도 좋다. 문제는 그 더치 커피 원액이 정말 맛있어야 하겠지만 말이다. 또한, 더치 아포가토의 경우에는 더치 커피가 아닌 신 점드립 에센스를 이용하여 먹으면 더 부드럽고 인상적인 맛을 표현할 수 있을 것이다. 다만, 시간과 정성은 조금 더 들게 될 것이다.

2. 스페셜 카푸치노 = 신 점드립 + 수제 우유 거품

카푸치노라는 커피에 대해서 많은 사람들은 낭만을 가지고 있다. 풍부한 거품의 맛과 그 안의 커피 에센스가 가지고 있는 그윽한 향기까지, 무언가 로맨틱한 향미를 가진 매력적인 음료임에 틀림이 없다.

그런데 이 카푸치노의 맛을 한층 더 업그레이드 시킬 수 있는 방법이 있다면 당신은 한 번 시도해 보겠는가? 당연히 수고는 2배 더 든다. 그러나 맛은 4배 이상이다. 필자의 아내와 가족들은 모두 이 맛에 반하여 주말마다 카푸치노를 내놓으라며 필자를 들볶곤 한다. 가족과 함께하는 맛있는 커피 나눔, 그 즐거움을 독자들과도 나누어보려 한다.

스페셜 카푸치노는 간단히 말해 (1)신 점드립을 통해 만든 50ml 내외의 에센스에 (2)수동 거품기로 만든 우유 거품을 부어 만든 부드러우면서 바디감 있는 고급스러운 카푸치노를 말한다. 그 제조 방법은 다음과 같다.

■ 준비물

1. 신 점드립을 위한 도구 일체 : 칼리타 호소구치 드립포트(0.7리터), 각자 취향에 맞는 드리퍼, 드리퍼에 알맞은 드립필터, 드립서버, 원두20g, 물 끓이기 위한 커피포트
2. 머그잔
3. 우유 150ml
4. 수동 거품기 (전기 미사용 제품)
5. 선택 사항 : 시나몬 가루 또는 유기농 설탕 가루 등의 토핑류

① 뚜껑을 분리한 수동 거품기에 우유 150ml를 담아 전자레인지에 넣어놓는다. (아직 전자레인지 작동시키지 않음. 준비 상태)

② 원두 20g을 갈아 은피와 진분을 제거하고 드리퍼에 담아 끓은 물을 이용하여 신 점드립을 실시한다.

③ 부드러운 맛을 원한다면 느린 방울을 이용하여 드립을 실시하고 마지막 물줄기 드립을 한 바퀴만 실시한다. 조금 더 진한 맛을 원한다면 빠른 방울을 이용한 후 마지막 물줄기 드립을 세 바퀴 실시한다.

④ 커피 에센스 추출 도중 1차 추출이 끝나고 2차 추출을 위해 대기하는 시간을 이용하여 최초에 전자레인지 안에 넣어 놓았던 우유 150ml를 1분간 데우도록 버튼을 누른다. 이리하면 커피 에센스 추출이 끝나는 시점과 우유가 데워지는 시점이 거의 비슷해질 것이다.

⑤ 수동 거품기 뚜껑을 닫고 아래로 내리찍는 압력을 이용하여 30~35회 정도 우유를 펌프질 한다.

⑥ 거품기 뚜껑을 분리한다.

⑦ 우유 표면에 올라온 큰 거품을 터뜨리기 위해 거품기 밑바닥으로 탁

자를 서너 차례 탁탁 친다.

⑧ 거품기 손잡이를 잡고 휘휘 돌려서 우유와 거품을 적절하게 섞어준다.

⑨ 뜨겁게 데워 놓은 머그잔에 신 점드립으로 내려 놓았던 커피 에센스를 담는다.

⑩ 그 위에 방금 만든 우유 거품을 부어 준다.

⑪ 완성

3. 달콤 부드러운 우유 거품 베리에이션

집에서 스스로 해먹는 베리에이션 음료는 어떨까? 생각 외로 단순하다. 앞의 챕터에서 설명한 스페셜 카푸치노에 원하는 맛의 시럽을 첨가하면 된다. 이해가 되지 않는 독자를 위하여 차근차근 그 순서를 읊어본다. 카페모카를 예로 들어보자. 카페모카도 일반 에스프레소 머신을 이용하면 더 편하겠지만, 신 점드립을 이용하여 에센스를 추출한 뒤 그것을 다른 재료들과 섞어 마셔보면 그 매력에서 빠져나오기는 여간 어렵지 않을 것이다.

▪ 준비물

1. 신 점드립을 위한 도구 일체 : 칼리타 호소구치 드립포트(0.7리터), 각자 취향에 맞는 드리퍼, 드리퍼에 알맞은 드립필터, 드립서버, 원두20g, 물 끓이기 위한 커피포트
2. 머그잔
3. 우유 140ml
4. 수동 우유 거품기 (전기 미사용 제품)
5. 모카 시럽, 캐러멜 시럽 등 원하는 시럽 사용

① 뚜껑을 분리한 수동 거품기에 우유 140ml를 담아 전자레인지에 넣는다. (아직 전자레인지 작동시키지 않음. 준비 상태.)

② 원두 20g을 갈아 은피와 진분을 제거하고 드리퍼에 담아 끓은 물을 이용하여 신 점드립을 실시한다.

③ 부드러운 맛을 원한다면 느린 방울을 이용하여 드립을 실시하고 마지막 물줄기 드립을 한 바퀴만 실시한다. 조금 더 진한 맛을 원한다면 빠른 방울을 이용한 후 마지막 물줄기 드립을 세 바퀴 실시한다.

④ 커피 에센스 추출 도중 1차 추출이 끝나고 2차 추출을 위해 대기하는 시간을 이용하여 최초에 전자레인지 안에 넣어 놓았던 우유 140ml를 1분간 데우도록 버튼을 누른다. 이리하면 커피 에센스 추출이 끝나는 시점과 우유가 데워지는 시점이 거의 비슷해 질 것이다.

⑤ 수동 거품기 뚜껑을 닫고 아래로 내리찍는 압력을 이용하여 30~35회 정도 우유를 펌프질한다.

⑥ 거품기 뚜껑을 분리한다.

⑦ 우유 표면에 올라온 큰 거품을 터뜨리기 위해 거품기 밑바닥으로 탁자를 서너 차례 탁탁 친다.

⑧ 거품기 손잡이를 잡고 휘휘 돌려서 우유와 거품을 적절하게 섞어준다.

⑨ 뜨겁게 데워 놓은 잔에 신 점드립으로 내려놓았던 커피 에센스를 담는다.

〈1~9번의 순서는 카푸치노와 동일함〉

⑩ 모카 시럽 (또는 취향에 맞는 시럽) 10ml를 잔에 담고 에센스와 혼합한다.

⑪ 그 위에 방금 만든 우유 거품을 부어 준다.

⑫ 완성

4. 견과류 듬뿍 쿠키

향이 좋고 맛이 조화로운 한 잔의 신 점드립 커피와 더불어 먹을 수 있는 간식류는 무엇이 좋을까? 고소한 아몬드가 듬뿍 들어간 수제 쿠키는 어떨까? 생각만 해도 그 고소한 향과 달콤한 맛 때문에 군침이 돈다. 정성이 듬뿍 들어가지만 생각보다 쉬운 견과류 뜸뿍 쿠키. 만드는 방법을 공개한다.

■ 준비물

1. 밀가루 85g, 가염버터 80g, 분당 55g, 달걀 18g, 아몬드 슬라이스90g
2. 오븐기, 고운 체망, 주걱, 스테인리스 보울(중), 스크래퍼, 식힘망
3. 상황에 따라 다른 주방기구를 활용할 수 있다.

① 고운 체망을 이용하여 쳐낸 밀가루 85g, 분당 55g, 가염버터 80g, 달걀 18g, 아몬드 슬라이스 90g을 스테인리스 볼에 넣고 섞어 주걱으로 뭉갠다.

② 반죽을 긴 원통 모양이나 긴 직육면체 모양으로 만들어 냉동고에 넣고 굳혀 준다.

③ 언 반죽을 해동 후 7mm 두께로 잘라 오븐용 철판에 팬닝(panning) 해준다.

④ 160도로 달궈진 오븐에 넣고 구워지는 상태를 확인하며 위, 아래 불 조절을 해주며 구워 준다.

⑤ 익은 쿠키를 스크래퍼를 이용하여 떼어낸 후 식히는 망에 담아 식혀 준다.

⑥ 완성

5. 고소한 호두 머핀 & 상큼한 건포도 머핀

커피가 생각나지만 아직 식사를 하지 못해 커피 마시기가 부담스러운가? 그렇다면 달콤, 고소, 깔끔한 머핀과 함께 하는 신 점드립 커피는 어떨까? 호두 머핀의 고소한 맛이 커피의 맛과 어울릴 때의 그 행복감을 소개하고 싶다.

■ **준비물**

1. 오븐기, 머핀 팬(12구) 1판, 스테인리스 볼, 유산지, 식힘망
2. 박력밀가루 250g, 베이킹파우더 3g, 베이킹소다 3g, 달걀 3개, 설탕150g, 포도씨유 또는 카놀라유 170g, 샤워크림 60g, 바닐라에센스 3g
3. 위 2번 재료에 호두, 건포도, 채소, 치즈, 아몬드, 땅콩, 크랜베리 등을 각각 150g을 사용하여 기호에 맞게 만들어 먹을 수 있다. 호두를 넣으면 호두 머핀, 건포도를 넣으면 건포도 머핀이 된다.
4. 제과제빵에 사용되는 다양한 기구들을 이용 가능하다.

① 스테인리스 볼에 달걀, 설탕, 포도씨유를 거품기로 섞어준 후 샤워크림, 바닐라에센스도 같이 섞어 준다.

② 1번에 밀가루, 베이킹파우더, 베이킹소다를 채에 쳐낸 후 섞어 준다.

③ 원하는 메인 재료를 사용하여 석어 준다.(예 : 호두 150g을 넣어주면 호두 머핀)

④ 오븐을 170도의 온도로 예열한다.

⑤ 머핀 팬에 유산지를 깐다.

⑥ 머핀 팬에 반죽을 골고루 나누어 담는다.

⑦ 예열된 오븐기에 반죽이 담긴 머핀 팬을 넣어준 후 타이머를 25~30분으로 맞춰 준다.

⑧ 오븐에 머핀이 부풀어 오르는 상태를 보면서 약 7~8분 후 위, 아래 불을 조절해 준다.

⑨ 오븐에 머핀이 구워지는 상태를 보면서 앞, 뒤를 바꿔준다.

⑩ 다 구워진 머핀은 오븐에서 빼내어 식히는 망에 옮겨 식혀 준다.

⑪ 완성

18 오해를 풀어 드립니다

커피를 조금 아는 사람처럼 행동하면 많은 사람들이 질문을 해온다. 그런 질문을 하나하나 받다 보면 사람들이 잘못 알고 있던 바, 궁금해하는 바에 대해 알 수 있게 된다. 그런 경험치를 하나하나 모아 독자들에게 공개한다. 그들의 어려움이 여러분의 어려움이길 바라고, 그 어려움을 해결함으로써 궁금증에 대한 갈증이 해소되길 바란다.

1. 한 번 드립용으로 사용했던 커피가루는 아까우니까 다시 한 번 내려먹어도 된다?

핸드드립으로 커피를 내려 마시고 나면 비싼 돈 주고 산, 한 번 적신 원두 가루를 쿨하게 쓰레기통으로 내다 버리기를 너무도 아까워하는 분들이 많았다. 필자의 친척 한 분은 이런 말씀도 하셨다. “그 커피 아까우니까 너는 처음에 진한 거 먹고, 나는 나중에 한 번 더 내려서 숭늉처럼 마실게.”라고 말이다.

그러나 이는 꽤나 안타까운 생각이다. 우선 맛이 없기 때문이다. 이미 한 번 추출을 마무리 지은 커피가루에는 에센스가 많이 남아 있지 않다. 또한, 처음에 머금고 있던 이산화탄소까지 모두 제거되어 계면활성화를 시켜줄 촉매제가 없는 상태이다. 어떻게 하더라도 에센스가 충분히 나올 수 없는 상황이다. 그 상황에서 추출이 될 만한 성분은 남아 있는 재료인 섬유소밖에 없다. 한 차례 물에 불어 풀어지기가 매우 좋아진 섬유소 성분이 다시 한 번 뜨거운 물과 만나 신나게 추출된다. 그리고 그 안에는 에센스는 거의 없다. 맛이 거의 없거나 일반적인 물에 약간 쓴맛이 나는 수준이다. 그런데 카페인은 많다. 맛도 없고 카페인만 많다. 필자라면 과감하게 버리는 것을 택하겠다.

그리고 금액의 측면에서도 아까워할 것만은 아니다. 핸드드립 커피 한 잔의 가격은 약 5,000~6,000원이다. 그러나 원두를 직접 구입하여 커피를 내려 마신다면 그 가격은 급격히 감소한다. 일반적으로 원두 200g의 가격은 1만~1만 4,000원. 한 잔의 커피를 내리는 데에 20g이 든다고 생각하면 1인분에 대한 단가는 1,000원이다. 편의점에서 사 먹는 달달한 설탕 커피의 값에 비교하면 싸거나 비슷하다.

그런데 그 맛은 훨씬 더 풍부하고 고급스럽다. 이 정도에서 만족하는 것이 옳지 않을까? 아, '이 정도에서 만족'이라는 말을 쓰기에는 우리가 마시고 있는 이 신 점드립 커피는 너무도 귀중하지 않은가?

2. 원두 가루에서 은피를 날려 제거하는 것을 생략해도 맛은 똑같다?

커피를 일반적으로 즐겨 마시는 사람들의 경우에는 그 체감의 차이가 크지 않다. 그러나 카페인이나 풀 냄새, 쓴맛, 아린맛에 익숙하지 않아 커피를 오래전부터 멀리해온 사람들에게 그 맛을 보여주면 단번에 거절하는 모습을 볼 수 있었다. 필자 역시 한때에는 커피 맛을 가리지 않았던, 이른바 '커피 마니아' 부류에 속해 있었다. 그러나 지금은 신 점드립 커피의 원리에 맞는 커피에 익숙해져 섬유소 맛이 불균형적으로 많이 느껴지는 커피는 입에 대기 힘든 상황이 되어 버렸다. 은피는 앞서 설명하였듯 섬유소 성분으로 이루어진 것으로 다공질 벽면의 성질과 같다. 그것을 최대한 제거하여도 물줄기 드립을 실시하면 횡의 맛이 초과하게 되는데, 제거하지 않게 되면 어려운 드립을 실시하는 노력이 의미가 없어질 것 같다.

3. 원두 20g으로 1인분 내리기에는 원두가 너무 아깝다. 따라서 난 10g이나 15g만 쓴다?

원두를 20g 쓰는 이유는 두 가지가 있다. 첫째는 추출되는 에센스의 양이 적절하기 때문이다. 이보다 적은 양을 사용하게 될 경우 추출되는 에센스의 양이 적어 그 향미가 감소한다. 둘째, 10g의 원두를 사용한다면 방울을 떨구어 신 점드립을 행하기에는 원두 가루가 형성하는 표면적이 너무 작아진다. 중앙에서 촘촘하게 방울을 떨어뜨려 나선형 드립을 왕복 4회전을 실시해야 하는데, 과하게 촘촘하게 실시하여 경로가 겹쳐 횡의 맛이 너무 많이 표현될 수 있다. 또는 실수로 필터에만 물을 많이 묻히게 되어 밍밍한 맛이 표현될 가능성도 있다.

Q&A

4. 신 점드립은 초보에게 너무 어려우므로 나는 그냥 배우지 않겠다?

결론부터 말하자면, 신 점드립 배우기는 생각보다 어렵지 않다. 지금 이 책에서 제시하고 있듯이 신 점드립의 자세, 그립, 드립 순서 등의 정보가 너무도 명확하다. 읽고 이해하고 기억하며 연습하면 그 누가 못하겠는가? 다만, 할 수 있고 없고의 문제는 심리에 있다. 필자의 개인적인 경험으로부터 얻은 심리적 결론은 '배우는 재미, 주변 사람 먹이는 재미, 스스로 맛보는 재미로 연습하니 생각보다 어렵지 않았다.'이다. 성급하게 신 점드립을 마스터하려는 욕심을 버리고 주변 사람들에게 나의 커피를 맛보여주고 싶은 나눔의 마인드를 기본으로 하여 한 모금씩 함께하는 분위기를 조성해 보자. 그들의 칭찬에 기분이 좋아진 당신은 배움의 열정에 한 걸음 더 다가가게 될 것이고, 본인 스스로가 자신의 커피 맛에 빠져들게 될 것이다.

Q&A

5. 신 점드립은 시간이 너무 오래 걸린다? 따라서 실제 매장에서 사용하기에는 어렵다?

신 점드립은 시간이 오래 걸리지 않는다. 일반 물줄기 드립과 비교하여 드립할 때 필요한 시간을 따져보자. 물줄기 드립을 실시할 때나 신 점드립을 실시할 때는 공통적으로 원두를 간다. 몇 그램을 갈건 결국 매장에서는 기계를 사용하여 자동으로 갈기에 시간을 따지기는 무의미하다. 다음 단계에서 신 점드립에 추가되는 부분이 있다. 바로 은피를 불어 날리는 것이다. 그러나 이 역시 오래 걸려 보았자 10~15초이다. 이제 그 다음이 문제다.

신 점드립은 끓인 물을 드립포트에 붓고 곧장 드립을 시작한다. 그러나 물줄기 드립의 경우 섬유소에서 나오는 쓴맛과 신맛을 어느 정도 조절하기 위해 물을 식히는 작업을 진행하는 경우가 많다. 보통 쓴맛을 줄이고 산미를 증가시키기 위해 낮게는 80여 도 높게는 90도 초반의 온도로 맞춘 후 드립을 실시한다.

실제 드립 시간은 별다른 차이가 없다. 신 점드립의 경우에는 2분 30초라는 시간 동안 '뜸-1차 추출-1차 대기-2차 추출-2차 대기'가 이루어지고, 물줄기 드립의 경우도 비슷한 절차를 거치며 시간에 있어 차이가 많이 나타나지 않는다. 이렇듯 생각보다 신 점드립에는 시간이 많이 들지 않는 것은 물론이거니와 오히려 더 적게 들 수도 있다. 대체 무엇이 문제이기에 사람들은 신 점드립의 경과 시간에 오해를 하는 것일까?

첫째 원인은 은피를 날려 버리는 작업이라는 것이 하나 더 들어간 체감이 크기 때문이다. 사실상 해당 작업에 소모되는 시간은 매우 짧음에도 불구하고 많은 사람이 이 작업에 대해 부담을 많이 느끼는 것을 주변으로부터 듣게 되었다.

둘째 원인은 방울로 떨어뜨리며 심혈을 기울여야 하기에 시간이 많이 걸리고 힘든 느낌이 들 수 있다. 그러나 객관적으로 초를 재면 2분 30초 내외의 시간 안에 모든 드립 작업이 마무리된다. 느끼기 나름인 것이다.

오히려 신 점드립이 더 빠르다고 생각될 수 있는 것은 실제 필자가 사용하는 기술에도 기인한다. 필자는 신 점드립을 사용하여 일반인이 1잔의 커피를 뽑아낼 수 있는 시간에 최대 6잔의 커피를 만들어낼 수 있다. 이는 3인분 신 점드립 방법을 2개의 드립서버에서 동시에 진행하였을 때 가능한 것이다. 물론 숙련이 필요하지만, 연습은 무엇이든 가능케 한다는 것을 기억해야 할 것이다.

Q&A

6. 신 점드립은 에센스를 적게 뽑은 후 거기에 뜨거운 물로 희석시키므로 맛이 밍밍하다?

커피의 맛은 종의 맛(에센스)와 횡의 맛(섬유소 및 카페인)으로 나뉠 수 있다고 이 책의 초반부터 설명하였다. 신 점드립은 에센스를 위주로 하여 추출하는 방법이다. 횡의 맛의 양을 절대적으로 감소시켰을 뿐, 종의 맛을 감소시킨 것은 아니다. 실제 맛을 평가하면 에센스의 바디감과 맛의 풍부한 균형미는 매우 우수하다. 다만 풀의 향기, 아린맛, 지나치게 쓰거나 신 향미를 극소화 또는 제거한 것이다. 맛이 밍밍해진 것이라기보다는 에센스 위주의 본질적인 맛으로 변화하였다고 볼 수 있겠다.

Q&A

7. 신 점드립을 당장 잘하기는 어려운 비슷한 쉬운 방법은 없겠지?

상대적으로 쉬운 방법이 있다. 이 책의 Part 2 하위 챕터인 10번, 11번 챕터를 확인하길 바란다. 물줄기드립을 하나 섬유소의 추출을 적게 할 수 있는 방법을 10번 챕터에서 소개하였고, 드립 자체를 즐길 상황이 되지 않는 독자를 위해 자동 커피포트를 이용한 추출 방법 역시 소개하였다. 신 점드립 연습으로 열중하다가 발전이 없어 우울해하지 말고 잠시 재미있는 응용 방법들에 취해 보는 것도 좋을 것이다.

8. 신 점드립 커피는 사용하는 물의 온도가 어떻게 되나요?

신 점드립 커피는 물의 온도를 일부러 낮추려 하지 않는다. 그냥 끓었던 물을 서버에 한 번 담아 서버를 덥 혀주고 그 물을 곧장 드립포트에 담아 드립을 실시한다. 수차례 언급한 바이지만, 신 점드립은 종의 맛을 위주로 추출하게 되는 드립법이다. 따라서 에센스를 추출하기에 최적인 온도의 물을 사용하는 것이 좋다. 에센스는 고온에서 더 잘 녹아들어 추출이 용이해지기 때문이다. 신 점드립에서는 원두 조직 사이의 길을 따라 물이 흘러내려가 에센스 위주로 추출을 한다. 횡의 맛의 추출은 막판 물줄기 드립으로 잠시 변환하여 상하기압 평형화를 만들어서 급속하게 원하는 양만 추출하게 된다. 이때 추출하는 횡의 맛의 양은 물줄기 드립으로 추출되는 횡의 맛의 양에 비해 훨씬 적다. 반대로 말하면 물줄기 드립으로 추출되는 횡의 맛의 양은 신 점드립의 그것에 비해 월등하게 많다는 의미이다. 그렇기에 물줄기 드립에서는 그 상황 안에서 횡의 맛을 조금이라도 덜 추출하기 위해 온도를 낮추려 하거나 더 강한 맛을 위해 온도를 뜨겁게 유지하는 방법이 존재한다. 그러나 신 점드립에서는 그럴 필요가 없다. 횡의 맛을 소량의 양념으로 여기는 방법이 신 점드립이다. 고온으로 내리지만 이미 횡의 맛 양이 상대적으로 훨씬 적다.

9. 신 점드립 시 물방울을 나선형으로 뿌리는 방향이 꼭 시계 방향이어야 한다?

돌리는 방향은 별문제가 없다고 생각한다. 다만, 물방울을 떨어뜨리는 모양을 원이라고 봤을 때, 본인과 먼 쪽 반원 부분에 물을 떨구는 방법은 몸의 상하 반동과 팔의 미세한 좌우 이동을 이용하여 박자를 타는 것이다. 그런데 물을 떨구는 느낌이라기보다는 흩뿌리는 느낌이 상당 부분 존재한다. 그것을 몸 안쪽에서 바깥쪽으로 확 뿌리는 느낌이 아니라, 몸 바깥쪽에서 몸 안쪽으로 다소곳이 내려놓는 느낌으로 바뀐다면 역동성이 많이 떨어져서 실수할 가능성이 크다고 본다. 그러나 드립을 하는 본인이 익숙하다면 별문제 없다고 볼 수도 있다.

10. 식은 커피를 다시 데워 마셔도 괜찮다?

커피를 오랫동안 방치할 경우 일어나는 변화는 향과 맛의 급감이다. 커피를 먹는 이유는 분명 향이 큰 부분을 차지한다. 그런데 그 향이 날아가 버린 커피가 데우는 작업만으로 다시 돌아올 일은 만무하다. 차라리 식은 커피에 뜨거운 물을 희석하여 연하게 마시는 것을 추천한다. 그러면 남아 있는 향미라도 증기와 더불어 즐길 수 있을 것이다. 내린 직후 마실 수 없는 상황이 확실하다면, 차라리 에센스에 아예 물로 희석을 시키지 않은 상태에서 보관을 하고, 차후에 시간이 날 때 그 차가워진 에센스에 뜨거운 물을 섞는 것이 향미를 증가시키는 데에 훨씬 더 낫다고 본다.

Q&A

11. 원두는 보통 며칠이나 보관할 수 있을까요?

원두를 정확하게 며칠까지 보관할 수 있다고 말하는 것은 힘든 일이다. 그 원두가 어떤 배전도로 볶아졌고 원두가 보관된 환경이 어떠한지에 따라 보관 가능 일수는 변화무쌍하기 때문이다. 기준을 정한다면 원두 안에 존재하는 가스가 모두 빠져나가고 그 자리를 공기가 차지하여 섬유소와 산소의 반응이 활발하게 일어나 향미가 부정적으로 변하는 시기라고 할 수 있겠다. 이를 확인할 수 있는 방법은 무엇일까?

원두 가루의 뜸을 들이기 위해 물을 부었는데 부풀어 오르기는커녕 물이 차올라 한강을 이루는 느낌이 들 정도라면 이미 가스는 다 빠져나가고 다공질 역시 산소와 결합하여 과숙의 과정을 지나쳐 산패가 이루어진 상황으로 볼 수 있겠다.

12. 원두 갈기 귀찮은데 그냥 매장에서 갈아서 집에 가져와 써도 되죠?

원두가 공기에 접촉하는 시간이 길수록 산패는 빠르게 진행된다는 것은 잘 알려져 있다. 그런데 그 원두를 갈게 되면 원두가 공기에 접촉하는 표면적이 더 넓어진다. 따라서 산패의 속도도 더욱 빨라지게 된다. 결국, 원두를 갈게 되면 그 원두의 수명은 급격히 짧아지게 되는 것이다. 가능한 한 오랫동안 커피를 즐기고 싶다면 원두를 갈아서 보관하는 것은 절대 추천하지 않는다. 그날 당장 모든 커피를 소모할 예정이라면 몰라도 말이다.

13. 슈퍼마켓이나 콩 볶는 커피숍이나 파는 원두는 다 그게 그거로 마찬가지다?

수퍼마켓에서 판매하는 커피는 아로마 봉투 포장 또는 진공 포장이다. 이러한 포장법이 공기와 원두와의 접촉을 최소화하긴 하지만 오랜 시간이 흘렀을 경우에는 큰 효과를 보지 못한다. 실제 대부분의 가판대 판매 원두는 로스팅한 지 꽤 오랜 시간이 흐른 것들이 대부분이다. 이런 경우에는 어떠한 포장법도 산패에서 자유롭지 못하다. 결국, 신선한 원두가 정답이다. 콩 볶는 커피숍의 커피는 보통 그날 볶아 최대한 짧은 시간 내에 소모한다. 말그대로 신선하다. 차이는 분명하다. 뜸을 들여 보라.

14. 커피만 마시면 가슴이 두근거리는데 신 점드립 커피도 똑같을 것이다?

카페인으로 인해 심장에 부담이 된다는 사람이 많다. 필자(차승은)의 아내도 그랬다. 일반 커피숍에서 커피를 사 마시면 항상 가슴이 두근거려 부담스럽다고 말하곤 했다. 그러나 어쩐 일인지 신 점드립으로 내린 부드러운 커피를 마신 아내가 그러한 말을 전혀 하지 않았다. 이는 무엇 때문일까? 바로 횡의 맛의 비율을 조절했기 때문이다. 수차례 언급하였지만, 신 점드립 커피는 종의 맛(에센스) 위주로 추출을 진행하고 횡의 맛은 최소화 또는 단계별로 조절할 수 있다. 따라서 카페인에 예민한 사람은 신 점드립을 실시하되 느린 방울로 스윙하고 마지막에 물줄기 드립으로 상하기압 평형화를 실시할 때 물을 거의 붓지 않는 정도로 드립을 마무리 하면 된다. 이렇게 되면 섬유소라는 양념을 하나도 뿌리지 않아 다소 단순한 커피 맛이 형성되지만, 예민한 체질의 소유자에게는 이보다 더 좋은 커피는 없을 것이다.

15. 나는 일반적인 핸드드립 커피는 안 마신다. 너무 시거나 써서 입맛에는 안 맞더라. 신점드립도 마찬가지일 것이다?

신 점드립은 종의 맛을 위주로 추출한다. 그리고 횡의 맛의 자극적인 맛의 양을 최소화 또는 단계화시킨다. 따라서 쓴맛, 신맛과 같은 한 가지 맛이 너무 과하게 표현되는 불균형은 존재하지 않는다. 그저 종의 맛, 즉 에센스 본연의 균형 잡힌 맛이 메인(main)이 되는 것이다. 만약 신맛 또는 쓴맛의 느낌을 살리고 싶은 사람들이 있다면 횡의 맛을 조금만 더 늘려주면 된다. 인위적인 방법으로 말이다. 어떻게? 그 방법을 다시 한 번 언급하겠다. 드립 막판의 물줄기 드립 몇 바퀴면 횡의 맛이 살아난다. 살짝 붓다가 끝내면 섬유소의 맛이 거의 없는 정말 부드러운 맛. 한 바퀴를 돌리고 끝내면 카페인이 살짝 느껴지는 부드러운 맛. 두 바퀴를 돌리고 끝내면 일반적인 사람들이 먹기에 부담이 없는 중간 맛. 세 바퀴 이상을 돌리면 섬유소와 카페인의 느낌이 센 편인 강한 맛이 표현된다. 취향대로 조절하라.

16. 바리스타 자격증을 따면 신 점드립 공부에 도움이 될까요?

바리스타 자격증을 따기 위해서 하는 공부가 무엇인지를 파악하면 신 점드립과의 연관성을 알 수 있을 것이다. 현재 커피협회에서 실시하는 바리스타 2급 자격증 시험은 2014년 4월 현재를 기준으로 그 전형이 필기와 실기로 나뉜다. 필기는 바리스타 자격시험(2급) 예상문제집 및 교재의 범위 내에서 커피학 및 서비스 실제와 관련 문제를 풀어 일정 점수 이상을 받아야 합격할 수 있다. 실기는 커피를 만들어내기 전의 준비 자세, 만들어낸 에스프레소와 카푸치노, 서비스 기술을 평가하는 시험이다. 본 평가는 10분에 걸쳐 진행된다. 안타깝지만 시험의 내용에 있어 핸드드립이 주가 되진 않는다. 다시 말해, 신 점드립과 깊은 연관이 있지는 않다고 볼 수 있다. 커피 전반에 대한 지식을 조금 더 넓히고자 하고 에스프레소 머신을 능숙하고 위생적으로 다루며 커피 베리에이션 음료를 만들 줄 아는 실력이 되고 싶다면 도전해볼 만하다. 그러나 신 점드립만을 위한 도전이라면 굳이 하지 않아도 좋다.

17. 난 왼손잡이니까 신 점드립을 할 수 없다?

그럴 리가 없다. 오른손잡이를 예로 들어 자세와 그립을 설명했을 뿐이다. 발의 위치, 물방울을 떨어뜨려주는 방향을 오른손잡이의 그것과 반대로 실시하면 된다. 다시 말해, 왼손잡이의 경우 왼발이 반걸음 뒤쪽으로 빠진 자세를 만들면 된다. 그리고 오른손으로 드리퍼에 기대고 왼손으로 드립을 실시한다. 물방울을 떨어뜨려 줄 때 나선형을 그리며 중앙에서 시작하는 것은 동일하나, 그 방향은 시계 반대 방향으로 실시한다는 것이 다른 점이다.

19

Hand Drip
시 : 고광식

허파처럼 둥글게 부풀었다가 가라앉는 거품이 뜸을 들이고 있었지 투명 드리퍼 위로 맴도는 그녀의 손에서 방울방울 검붉은 액체가 떨어졌어 드립 서버 속에서 서서히 고개를 들고 자라나는

그러니까 한 번만
노크에 충실했으면 주전자에서 물끓는 소리

커피 냄새는 미열처럼 몸을 적신다 잘 숙성된 웃음은 하얀 거품으로 끓어오른다 2분 30초 동안 물방울이 떨어지는 것을 보고 있으면 오랜 시간 깨진 채 뛰고 있는 심장의 소리를 들을 수 있다 커피 필터를 흥건히 적시는

자기결정권이 잔에 담긴다

뜨거운 커피가 식기 전에 소름 돋는 나 좀 봐 카페를 지키는 에티오피아 원두에게 묻겠다 말랑거리는 내 심장도 로스팅해주면 안 되겠니? 잘 숙성된 표정을 카페 벽 위에 높이 걸겠다
찔레순 씹던 혀로 신 점드립 커피를 마신다

참고문헌 《차생활문화대전》, 정동효 · 윤백현 · 이영희, 2012 홍익재

맛있는 커피의 비밀

핸드드립의 원리와 테크닉

초판 1쇄 인쇄 2014년 10월 29일
초판 1쇄 발행 2014년 11월 3일

저자 정영진, 차승은
펴낸이 박정태
편집이사 이명수 감수교정 정하경
책임편집 위가연 편집부 전수봉
마케팅 조화묵 온라인마케팅 박용대, 김찬영
펴낸곳 광문각
출판등록 1991.05.31 제12-484호
주소 파주시 파주출판문화도시 광인사길 161 광문각 B/D
전화 031-955-8787
팩스 031-955-3730
E-mail kwangmk7@hanmail.net
홈페이지 www.kwangmoonkag.co.kr
ISBN 978-89-7093-757-1 93590
가격 15,000원